大学数学基础

主　编　朱海燕
副主编　狄艳媚　金永阳　周　凯

ZHEJIANG UNIVERSITY PRESS
浙江大学出版社
·杭州·

图书在版编目(CIP)数据

大学数学基础 / 朱海燕主编. — 杭州：浙江大学出版社,2022.7(2023.7 重印)

ISBN 978-7-308-22835-0

Ⅰ. ①大… Ⅱ. ①朱… Ⅲ. ①高等数学－高等学校－教材 Ⅳ. ①O13

中国版本图书馆 CIP 数据核字(2022)第 124306 号

大学数学基础

DAXUE SHUXUE JICHU

朱海燕 主编

责任编辑 王 波

责任校对 吴昌雷

封面设计 雷建军

出版发行 浙江大学出版社

(杭州市天目山路 148 号 邮政编码 310007)

(网址:http://www.zjupress.com)

排　　版 杭州晨特广告有限公司

印　　刷 杭州高腾印务有限公司

开　　本 710mm×1000mm 1/16

印　　张 8.25

字　　数 134 千

版 印 次 2022 年 7 月第 1 版 2023 年 7 月第 2 次印刷

书　　号 ISBN 978-7-308-22835-0

定　　价 36.00 元

前言

数学的教与学过程是从小学、初中、高中到大学贯穿始终形成的一个系统。在系统观点视域下，不同阶段数学教育的相互联系、相互作用、相互区别等错综关系显得尤为重要，只有通过相互有机衔接才能产生良好的教学效果。从连续的角度看，高中数学是大学数学的基础，大学数学是高中数学的延续和深化，但大学数学与高中数学之间又存在天然鸿沟，无论在体系框架还是知识内容上，都具有跨越性的差异。

大学数学与高中数学的迥然差异，不仅给大一新生的大学数学学习带来了巨大的挑战，同时也是大学数学教师教学过程中的障碍。基于这一客观现实，本书通过对大学数学与高中数学衔接内容的梳理、回顾、深化和拓展，使两个阶段的知识得以贯通，帮助大一新生尽快调整思维方式，推动学生的抽象思维、逻辑思维和创新思维不断提升，帮助其逐步从被动学习走向自主学习。本书编写的主旨正是缩短大学数学与高中数学的潜在距离，靠前谋划、先发引导，在两个阶段的鸿沟之上架起桥梁，助力大一新生自然过渡并迅速适应大学数学学习环境，最终突破大学数学和高中数学教与学衔接的“瓶颈问题”。

全书共十一章，其中第一、二、七章由朱海燕编写，第四、十、十一章由金永阳编写，第三、八章由狄艳媚编写，第五、六、九章由周凯编写，全书统稿工作由朱海燕负责。作为大学数学预备阶段的学习书目，本书在每章末列出习题，供教与学参考使用。

在本书编撰完成前后，我们得到了浙江工业大学数学系和教务处的大力支持以及浙江省高校课程思政教学项目和浙江工业大学重点教学改革项目资助，特别感谢浙江工业大学计伟荣、沈守枫、江颉、陈启华、陈洋洋、王丹婷和浙江大学贾厚玉等老师给予的指导与帮助，浙江大学出版社的王波编辑也在编辑出版过程中提供了许多支持。没有他们的大力帮助，本书也无法顺利面世。在此向他们表示由衷的感谢！

编　者

2022 年 7 月于浙江工业大学

目录

第一章 绪 论

1.1 大学数学和高中数学教与学的差异

完整的数学教学过程从小学、初中、高中贯穿至大学,构成一个在线上向前跃进、在面上逐层积累的复杂系统。在系统观点指导下,密切关注各个阶段数学教育的相互联系、相互作用、相互区别等各类关系,在进行有机衔接后,可以产生良好的教学效果。从连续的角度看,高中数学是大学数学的基础,大学数学是高中数学的延续和深化,但大学数学与高中数学具有跨越性的差异。

在教学目标上,高中数学教学的最直接导向是通过帮助学生掌握知识,提升学生的高考成绩,而大学数学的教学目标是为后续专业课学习打下扎实的数学基础,提高学生的数学素养和数学能力。因此,在高中阶段,数学教学更注重教师的讲授,以提高学生解决数学问题的能力,而大学数学教学则侧重培养学生对数学知识的运用能力和自主学习能力。延伸到具体素养上讲,高中数学教学主要培养学生的基本运算能力、基本逻辑思维能力和推理论证能力,而大学数学教学主要培养学生的灵活计算能力、综合运用能力、逻辑思维、抽象思维、辩证思维和创新意识等。

在教学内容上,大学数学内容具有量大、面宽、精深、抽象、理论、系统、严密等特点。这些特点主要体现在:(1)研究的重点是变量;(2)概念、定理多;(3)语言符号化、公理化强;(4)知识的联系性、一般性和整体性强等。从这个视角上讲,大学数学教学内容不仅仅是难度层级上的提升,更是思维层面上的跨越。此外,与高中通过大量习题、反复测验等方式不断进行强化训练相比,大学数学主要是通过例题和作业的方式达成教学目的。

在教学方法上,高中阶段数学教学学时充裕,教师会对所考察的知识点进行事无巨细的反复讲解,同时不间断地总结归纳知识、技能和技巧。大学数学教学课时紧张,课堂节奏快、知识点密集,教师授课以启发、引导为主。此外,大学数学课后辅导形式丰富,但需要学生具有一定的自觉性和主动性。

在学习环境上，高中阶段会有教师和家长全面的监督，甚至还有课外辅导，而大学教育管理模式给学生预留了一定的可自由支配的时间。在学习目标上，学生在高中阶段努力拼搏，致力于考入理想的大学。进入大学后，出国、升学、进企业、考编制等各种选择让目标充满不确定性。在学习态度上，有的学生认为进入大学后可以进行高考后的休整，自我放纵，上课走神、作业敷衍、不求甚解，有的学生一开始自信心爆满，但遇到困难后退缩不前或自我否定。在学习方法上，学生在高中阶段不求改变和突破，主要采用题海战术、知识记忆等被动接受的学习方法，而大学数学学习需要理解、观察、思考、探究与主动学习。

大学数学与高中数学的差异

<table>
<tr><th></th><th>大学</th><th>高中</th></tr>
<tr><td rowspan="3">教学目标</td><td>培养社会需要的人才</td><td>提升学生高考成绩</td></tr>
<tr><td>注重自主学习</td><td>注重解题能力</td></tr>
<tr><td>灵活计算、综合应用、抽象思维、逻辑思维、辩证思维、创新意识</td><td>基本运算能力
基本逻辑思维能力
推理论证能力</td></tr>
<tr><td rowspan="3">教学内容</td><td>量大、面宽、精深、抽象、理论、系统、严密……</td><td>量少、简单、直观、具体</td></tr>
<tr><td>变量、概念、定理、符号化、公理化、联系性、一般性、整体性</td><td>常量、计算、性质、运用</td></tr>
<tr><td>例题作业、习题课少</td><td>大量习题、反复测验、强化训练</td></tr>
<tr><td>教学方法</td><td>知识密集、强调概念、注重思路和引导、线上线下答疑、两节课连上</td><td>进度慢、事无巨细、反复讲解、手把手教、总结归纳、技能技巧</td></tr>
<tr><td rowspan="3">学生方面</td><td>学校管理体制相对宽松，有自由支配的时间</td><td>教师、家长全面监督，几乎没有空闲</td></tr>
<tr><td>选择多、学习目标不明确</td><td>目标坚定、明确</td></tr>
<tr><td>主动、探究、思考性学习</td><td>题海、记忆等被动式学习</td></tr>
</table>

1.2 大学数学学习思路介绍

深刻认识数学之美是先决基础。要想学好大学数学，对数学的理解非常重要。要充分认识到数学的重要性和深远意义。数学是科学的“皇后”，是天地万物最根本的对象，是人类思维革命的武器，是艺术发展的文化激素。李克强总理曾反复强调数学的重要性，他说："数学特别是理论数学是我国科学研究的重要基础。"[①]《人民日报》盘点了无处不用数学："宇宙之大，粒子之微，火箭之速，化工之巧，地球之变，生物之谜，日用之繁，无处不用数学。"[②]学生要认识到数学是**为自己而学**，学好数学不仅是为了提升成绩，更是所学专业对其提出的要求，是思维训练的需要。有的技能或许可以将来再学，但是数学这样的理论学科，需要在学生阶段就潜心学习。此外，学生在数学学习中要去发现数学的魅力，感受数学之美，爱上数学之"无用"；因为只有热爱，才能为学习注入最大动力。

突破固有学习方法是必要条件。虽然每一位学生在高中阶段都形成了一些独有的学习方法，但由于大学数学与高中数学的差异，要学好大学数学，须主动转变思维习惯和学习方式，课堂内外都要把握学习的主动性。所谓**主动学习**，不仅是课外的主动预习、复习，还有课堂上主动跟上教师节奏，主动适应教师的讲课方式。主动学习，还要求学生主动思考、主动讨论。学生进入大学后，离开原有熟悉的环境，在生活上逐步走向独立，在学习上也要走向独立，学会独立作业、独立思考。独立思考后即便真的无能为力，在得到答案之后也会豁然开朗。解题不能仅依赖参考答案与教师讲解，即便有答案也不要抄，而是要放下答案，按照自己的思路完成作业。大学是培养社会需要的人才，教师作为引路人，是带领学生在学习中不断强化独立解决问题能力的关键角色。

从中学到大学，数学学习进入全新形态。进入大学，要有一切从零开始的决心和努力。大学入学前的高考数学分数并不能代表学生大学数学学习的能力，不论高中数学优秀与否，进入大学后，都将站到同一个起点，每一步都需要脚踏实地、认认真真地完成。大学数学课程有严密的逻辑体系，不能插队、没有捷径，不要有临时抱佛脚、刷刷题就能通过考试的想法。大学数学知识量大、内容深，适当的习题是需要的，但题目刷不尽也刷不明白，只有理解才能真正举一反三、触类旁通。要明白，大学考试不是选拔性的，也不是终点，**学到知识才是关键**。在大学数学学习过程中，面对挑战、困难不能退缩，也不能垂头丧气，一定要坚持。只有迎难而上，克服自己的畏难情绪，以系统的眼光看待全部学习环节，才能真正地步入大学数学学习的正轨。

---

① 中国政府网.李克强为何反复强调数学等基础学科的重要性？[EB/OL].(2018-01-04)[2022-06-05].https://www.gov.cn/guowuyuan/2018-01/04/content_5253247.htm?cid=303.

② 人民日报官方微博.今天是国际数学日，数学到底有多重要？[EB/OL].(2021-03-14)[2022-06-15].https://weibo.com/2803301701/K68nqhqiy.

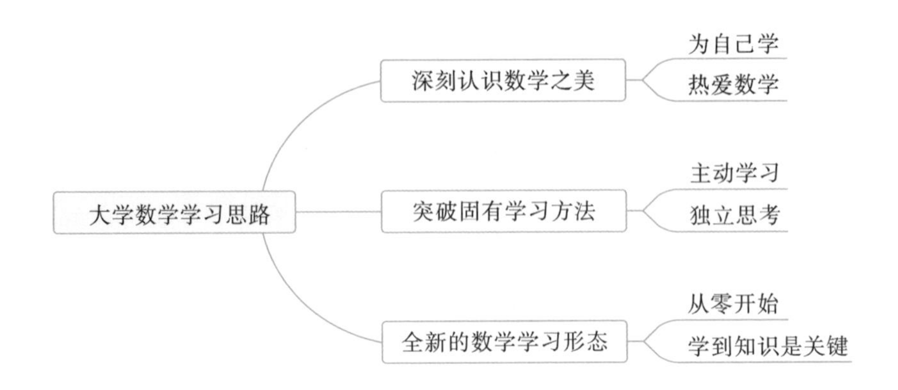

1.3 大学数学学习方法介绍

本节简单介绍大学数学学习方法。主要有两个方面：一方面，从普遍性角度讲，大学数学学习方法包括勤学、巧练、好问、乐思、善悟；另一方面，从针对性角度讲，大学数学学习方法包括吃透教材、课内课外、概念原理、线上线下、抽象具体等。

我们先谈谈普遍性角度的学习方法。

“勤学”为先。请仔细看下述四个公式：

$$1.01^{365}\approx 37.783 \qquad 1.02^{365}\approx 1377.4$$

$$0.99^{365}\approx 0.0255 \qquad 0.98^{365}\approx 0.0006$$

先横向看，每天多努力1%，那么一年以后就会多千分的收获；再竖向看，0.99是在1的基础上减少了1%，但一年以后只有约0.02，由此可知，不进则退。日积月累，每天多一分努力与多一分懈怠的差距，实可至千里。

“巧练”为基。“学而时习之”，练习非常重要，但这个“练”并不是盲目地练习。大学数学题目是海量的，盲目刷题，没有系统性，无论如何也刷不完。好的练习方法是在**概念学深悟透**上多花时间，以看辅助性材料取代直接查看答案。部分难题一时解不出来，可以暂且放一放，但一定要有意识地让难题萦绕在脑海，时时刻刻想。在一道题目上，花几个小时甚至几天的时间都是值得的。翻阅答案的确节省时间，但这只是“就题论题”，对于真正领会并掌握题目背后的知识点或由此及彼、拓展到同类型其他题目等没有太多帮助。仅一道题目会做，也无法解决知识结构中的堵点。只有在一道让人辗转反侧的难题豁然开朗那一刻，才是相关知识得到疏通之时，才能“一通百通”，无论怎样换数字、条件、结论前后顺序，或者两题相合、难度升级等，都能应付自如。因此，必须学会举一反三，而学会举一反三的表现就在于能**自己出题并解题**。切记，这一阶段的目标不是攻克一道题目，而是占领一片题海。

“好问”为重。在大学数学课堂上总有听不懂的，或者即便听懂了也不一定会解题。这时，有的学生就开始自我放弃，不再寻求解惑；有的想问，却无从问起。请注意，在大学数学学习中，一定要好问。通过问问题，一方面可以及时解决困惑，加速对知识的理解；更重要的是，在问问题的同时，教师可以发现学生学习的知识漏洞、堵点和难点，进而挖掘出不足并不断弥补改进。那么又该怎样问问题呢？不要奢求一次答疑就能弄通知识体系，要做好循序渐进、**以点带面**的思想准备。要通过一道题或者一个定理展开疑问，解决相对应的知识点，然后把点连成片。同时更要学会寻根究底，多问几个为什么。但也要记得，如前文所述，对于一些需要积累的难点，可以适当放下。

“乐思”为要。如何寻根究底，又如何举一反三？“学而不思则罔”，我们可以思考定理的**逆命题是否成立**，**削弱定理的条件**是否成立；如果成立了，能否给出证明；如果不成立，能否给出反例。我们还可以考虑在给定理加强条件的情况下，是否可以得到更好的结论、能否给出定理新的证明方法……在思考的过程中要有**质疑精神**，要多去问为什么；不要想当然，而要善于围绕一些最简单的问题思考为什么。

“善悟”为本。所谓“善悟”，是指从感性认识出发，不断地积累具体特殊的现象，运用推理、演绎、总结、归纳的辩证方法去思考，直至探索出内在的逻辑和规律，发现现象背后的本质。整个过程需要教师指引，更需要学生自身勇于探索的科学精神。这是一个漫长的过程，也是大学阶段的一门隐性必修课。

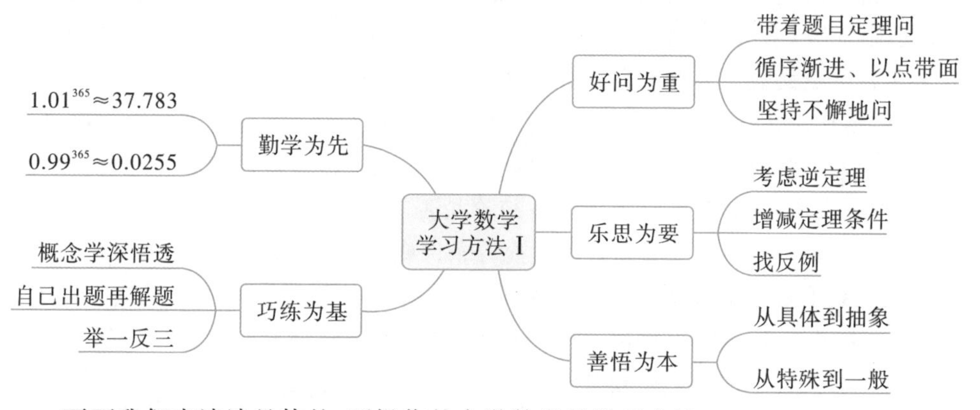

下面我们来谈谈具体的、可操作的大学数学的学习方法。

吃透教材，即以教师所选用的教材为根本。对教材的选用是仁者见仁、智者见智的，不同的教材，其编写思路方法都有所不同。比如线性代数，不同教材内容的组合方式都不一样。因此，对于个人觉得比较好的教材可以选作参考资料，但一定要以课堂使用的教材为本。使用非教师指定的教材，会跟不上教学节奏，使得课堂学习事倍功半。吃透教材，就是要带着问题去读教材，要始终明确，教材已把关键的核心问题解决了；碰到问题，就要去教材中寻找解决的办法。吃透教材的过程是一个将教材从厚到薄、再从薄到厚的厚薄转换的循环往复过程。大学数学教材一般都偏厚，不要求学习的初期就面面俱到。学习初期要讲究内容少而**精**，抓住主线，先把一些晦涩难懂却不影响后续学习的难点放在一边，牢牢把握好思想方法。在了解某一章、某一节需要解决的问题之后，再**细**读，把之前略过的内容不断补充进认知体系中；再利用我们之前讲过的方法，借助增减条件后的结果、新的证明方法、应用拓展等内容进行补充，不断深化、不断扩展对教材内容的理解，从而把教材读"**厚**"。最后，在彻底读通教材后，撮其要、删其繁，总结、凝练、升华，就会发现曾经复杂、烦琐、抽象的内容已经变得简明、扼要、具体，这就是把教材读"**薄**"。

课内课外，即课内外学习要紧密结合。由于大学数学每堂课的知识点很密集，课前预习很难深入理解，所以课前预习的侧重点应放在把握整体、标注难点和关键点上，主要目的是把问题带入课堂。大学数学课堂两节课内容不要求全部听懂，首要是注重理解讲授思路。对于课上提到的重点难点、自己标注的关键点以及思路讲解的过程一定要聚精会神。多元高效**巧记笔记**，可以是便签，可以是拍照，但不管是何种，记笔记的方式一定要明确，且不能因为记笔记而影响听课效率。课后要及时根据笔记进行复习，通过做作业检验学习效果。

概念原理是大学数学知识点内容学习的根本。把握根本，才能夯实基础。要对概念定理叙述中的关键词进行深入剖析。数学思维是通过数学符号、数学语言的形式进行展现的，对其中的逻辑进行深入理解是必要手段。数学概念的定义精确、简练、完整，字与字、词与词、句与句的顺序都很重要，需要一字一句地推敲。一定要去探究定义的合理性或存在性。此外，要关注章节定理之间的联系。看看这些定理，哪个先、哪个后；再看看是否可以用两个甚至三个定理推出一个更精准的结论。与此同时，在深入理解和掌握概念原理的时候还应该仔细思考这样的一些问题，如上文所述的，改变定理条件后结论是否随之更改、结论能否反向推导出条件、是否可以给出应用、充要条件就比充分条件或者必要条件更优等等问题。

线上线下是大学数学学习互为补充、缺一不可的渠道。两种方式各有优势。例如，线上视频可倍速、可慢速、可反刍、可拖拽，线下课堂则有交流、有气氛、有督促、有时效，要善于把线上视频与线下课堂相结合，充分突出结合优势。答疑也要线上线下相结合，线上答疑不受时间、地点的限制，线下解惑则可以实现一对一，当面讨论也更有利于发现问题。要根据问题的性质和自身的学习情况充分利用两种答疑形式。又比如，线上测试可即时反馈考试情况，但要以客观题为主；线下作业以主观题为主，可以留较长的时间进行思考。此外，线下教学课时限制了内容拓展，在线下教学之余，一定要结合自身特点，选择各类线上资料进行补充。

具体抽象是大学数学内容学习关键的思辨方法。从具体到抽象，是认识的第一阶段，是第一次飞跃。比如数列极限的概念，是从在具体例子中感知"极限就是越来越靠近"开始，然后发现各个数列极限存在的内在本质规律和联系，接着用数学语言、严谨逻辑抽象地进行描述。这是一个从感性到理性、从特殊到一般、从实践到认识的过程。这种认知过程也是大家解决问题的一种方法。在碰到具体问题的时候，也要从具体出发、从特殊出发，这样才能更具针对性地解决现实问题。从抽象到具体，是认识的第二阶段，是第二次飞跃。有了数列极限的概念之后，再将其概念应用到更多的数列中，并检验概念定义的合理性、可行性和一般性，进一步把数列极限概念深化，给出函数极限的定义。这是一个从认识到实践、从一般到个别、从普遍到特殊的过程。使获得的认识回到实践，是检验认识、发展认知、深化认知的必经之路，是实现认知根本目的、充分指导实践应用的必要环节，这也是学习的方法。

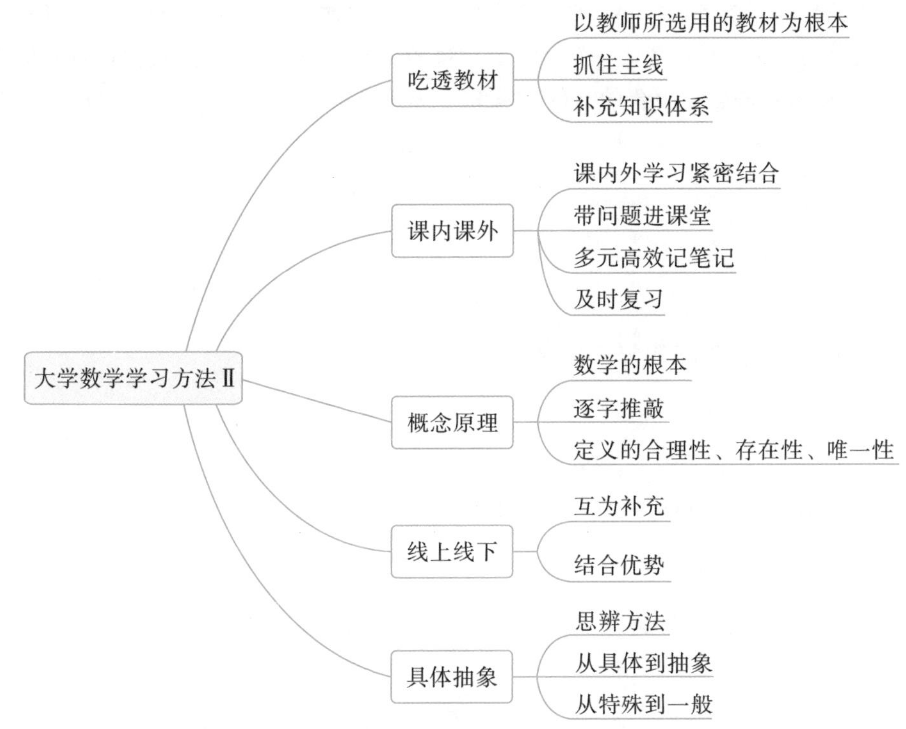

下面我们就以 2023 年高考数学新课标Ⅰ卷选择题第一题为例来阐述一下举一反三、由简入繁、从具体到一般等思考问题的方法。

原题：

已知集合 $M=\{-2,-1,0,1,2\}$，$N=\{x \mid x^2-x-6\geqslant 0\}$，则 $M\cap N=$

A. $\{-2,-1,0,1\}$　　B. $\{0,1,2\}$　　C. $\{-2\}$　　D. $\{2\}$

举一反三最直接的方法是改变题目的条件，比如可以求 $M\cup N$，可以改变集合 M 和 N 后继续求 $M\cap N$，此时，选项也将发生改变。能顺利完成整个出题过程，那么多集合交与并的运算就已掌握。进一步地，在改变题目条件的过程中，自然会产

生如何确保集合 $M\cap N$ 非空的想法，这就会引入求解不等式的问题。比如，令 $N=\{x\mid x^2-x-12\geqslant 0\}$，此时 $M\cap N=\varnothing$。因此，我们可以更改题目为：

已知集合 $M=\{-2,-1,0,1,2\}$，$N=\{x\mid x^2-x-a\geqslant 0\}$，若 $M\cap N=\varnothing$，求 a 的取值范围。

我们还可以把集合 N 中的函数改成其他二次函数，同时思考如何确保题目有意义。

如果我们保持原题目的基本结果，即让 $M\cap N$ 中有且仅有一个元素，那么题目又可更改为：

已知集合 $M=\{-2,-1,0,1,2\}$，$N=\{x\mid x^2-x-a\geqslant 0\}$，若 $|M\cap N|=1$，求 a 的取值范围。

事实上还可以考虑把 N 中的"$\geqslant$"改成"$>$"，更改集合 M，也可以问让 M 成为 N 子集合的条件，甚至改成一个带两个参数的二次函数……总之，我们通过不断深入，把考察的知识点从集合的交的运算和不等式求解延伸到集合概念的深入、各种运算以及二次函数等。在练中思考，在思考中练，切忌不求甚解，只为刷题。

习　题

1. 理解"长方形面积等于长乘以宽"。
2. 证明：$\sqrt{2}$是无理数。
3. 试问：1 是否与 $0.\dot{9}$ 相等？请说明理由。
4. 结合后面几章内容，谈谈你如何运用这些学习方法。

第二章　集合与映射

康托尔(Cantor,1845—1918)是集合论的创始人,他让我们知道了“无穷”集合之间的区别。康托尔曾经说:“在数学的领域中,提出问题的艺术比解答问题的艺术更为重要。”此处强调“提问”,与我们在第一章中所提出的学习方法是高度契合的。所以读者在今后的学习当中,一定要带着问题学,要善于提问题——对于某一道题、某一个定理,不断提出问题。

集合是数学最基本的概念,映射是集合之间的一种对应关系。数学从某种意义上说就是研究各种各样集合间的映射。

2.1　集合的概念和运算

正式介绍集合概念之前,我们先介绍一下罗素悖论。康托尔之后,集合论成为现代数学的逻辑基础,因此罗素悖论的产生引发了第三次数学危机。罗素悖论反映的是集合论中的自相矛盾,其简单而言,就是知名的“理发师悖论”。某一理发店的理发师张贴广告称:“本人理发技艺十分高超,誉满全城。我将为本城所有不给自己刮脸的人刮脸。我也只给这些人刮脸。我对各位表示热诚欢迎!”试想,这位理发师本人能不能给自己刮脸呢?若该理发师给自己刮脸,则根据他的广告,他就不能给自己刮脸,此处矛盾;若他不给自己刮脸,则根据他的广告,他就应该给自己刮脸,此处矛盾。罗素悖论使人们对集合论的可靠性产生了怀疑,从而让数学家对集合论进行了公理化处理。本书中集合的概念还是来源于朴素集合论。

(一)集合的概念

集合是数学最基本的概念,其直观描述为:把一些事物汇集到一起组成的一个整体,就叫作集合;组成集合的这些事物称为集合的元素。关于集合,没有严谨的数学定义,只有这个描述性说明,因此才会产生上述悖论。一般而言,集合必须具备三条性质:

确定性：给定一个元素，该元素要么属于集合，要么不属于集合，有且只有这两种情况。

互异性：同一集合中的元素互不相同，即同一集合中不可能同时存在两个相同的元素。

无序性：同一集合中的元素可以任意排列，与次序无关。

比如，“比较小的数”不能构成一个集合，因为这个描述不具有确定性；$\{(1,1)\}$是个集合，表示该集合中只有一个元素为$(1,1)$，但$\{1,1\}$不是一个集合，因为不满足集合的互异性；$\{1,2\}$和$\{2,1\}$表示的是同一个集合，因为集合具有无序性。

通常用大写字母A、B、C等表示集合；用小写字母a、b、c等表示集合的元素。当元素a是集合A中的元素时，称元素a属于集合A，记作$a\in A$；当元素a不是集合A中的元素时，称元素a不属于集合A，记作$a\notin A$。

集合主要通过列举法和描述法表示。所谓列举法就是将集合中的元素用花括号括起来以表示集合，比如，用S表示浙江工业大学的校区，可用列举法表示为

$$S=\{\text{朝晖校区，屏峰校区，莫干山校区}\}$$

对于半径为1的圆周上点构成的集合A通常用描述法给出，即

$$A=\{(x,y)\,|\,x^2+y^2=1\text{ 且 }x,y\text{ 为实数}\}$$

由此可见，所谓描述法就是设一个与集合中的元素a有关的条件$P(a)$，凡符合这个条件的所有元素a组成的集合S可表示为$S=\{a\,|\,P(a)\}$。

含有无限多个元素的集合称为无限集，否则就是有限集。将不含任何元素的集合称为空集，记为$\varnothing$。下面介绍一些常见数集的例子，并用特定的字母来表示，具体如下：

$\mathbf{Z}$表示所有整数组成的集合；

$\mathbf{Q}$表示所有有理数组成的集合；

$\mathbf{R}$表示所有实数组成的集合；

$\mathbf{C}$表示所有复数组成的集合；

$\mathbf{N}$表示所有自然数组成的集合；

$\mathbf{R}^+$表示是所有正实数组成的集合。

(二)集合的关系

设A和B是两个集合。如果集合B中的每一个元素都是A中的元素，则称B是A的子集，记作$B\subseteq A$，读作B包含于A，即对任意$x\in B$，就有$x\in A$。进一步地，如果B是A的子集，且存在A中的一个元素不属于B，则称B是A的真子集，记作$B\subset A$，读作B真包含于A。

例如，空集是任意集合的子集，任意集合都是它自身的子集，也就是说，

$$\varnothing\subseteq A,\quad A\subseteq A$$

显然，$\{(x,y)\mid x^2+y^2=1\}\subset\{(x,y)\mid x^2+y^2\leqslant 1\}$，$\mathbf{Z}\subset\mathbf{Q}$，$\mathbf{Q}\subset\mathbf{R}$

一般地，包含关系具有传递性：

若 $A\subseteq B$ 且 $B\subseteq C$，则 $A\subseteq C$；若 $A\subset B$ 且 $B\subset C$，则 $A\subset C$。

如果集合 A 和 B 含有完全相同的元素，则称 A 与 B 相等，记作 $A=B$，即

$$A\subseteq B \text{ 且 } B\subseteq A$$

设 A,B 为两个集合，下面我们介绍一下集合的一些运算。

由集合 A 与 B 的公共元素组成的集合称为 A 与 B 的交集，记作 $A\cap B$，读作 A 交 B，即 $A\cap B=\{x\mid x\in A \text{ 且 } x\in B\}$。所以，$A\cap B\subseteq A$，$A\cap B\subseteq B$，且 $A\cap B=A$ 的充要条件是 $A\subseteq B$。

由集合 A 与 B 的所有元素组成的集合称为 A 与 B 的并集，记作 $A\cup B$，读作 A 并 B，即 $A\cup B=\{x\mid x\in A \text{ 或 } x\in B\}$。所以，$A\subseteq A\cup B$，$B\subseteq A\cup B$，且 $A\cup B=B$ 的充要条件是 $A\subseteq B$。

属于 A 但不属于 B 的所有元素构成的集合称为 A 与 B 的差集，记作 $A\setminus B$，读作 A 减 B，即 $A\setminus B=\{x\mid x\in A \text{ 且 } x\notin B\}$。所以，$A\setminus B\subseteq A$。进一步地，如果 $B\subseteq A$，则 A 与 B 的差集又称为 B 在 A 中的补集，在不引起混淆的情况下，我们简称 B 的补集，记作 B^{C}，也就是说若 $B\subseteq A$，$B^{\mathrm{C}}=A\setminus B$。

我们用图 2-1 来表示上述集合的运算。

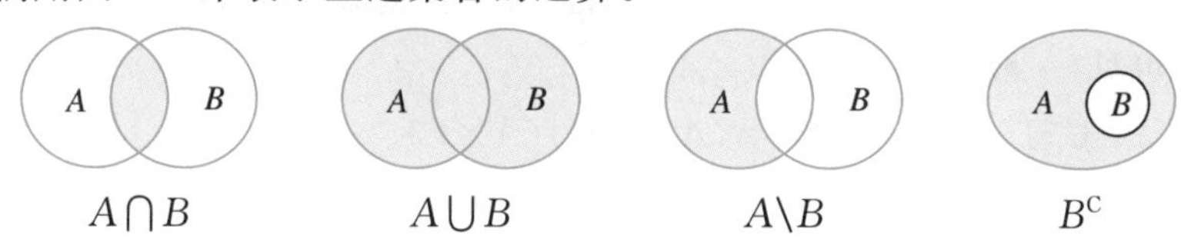

图 2-1

例 2.1　设 $A=\{1,2,3,4,5\}$，$B=\{2,4,6\}$，则

$$A\cap B=\{2,4\},\ A\cup B=\{1,2,3,4,5,6\},\ A\setminus B=\{1,3,5\}$$

定理 2.1.1　设 A,B,C 为任意集合，则集合的运算有以下规律：

1）交换律：$A\cap B=B\cap A$，$A\cup B=B\cup A$；

2）结合律：$(A\cap B)\cap C=A\cap(B\cap C)$，$(A\cup B)\cup C=A\cup(B\cup C)$；

3）分配律：$A\cup(B\cap C)=(A\cup B)\cap(A\cup C)$；

$A\cap(B\cup C)=(A\cap B)\cup(A\cap C)$；

4）德摩根律：$C\setminus(A\cap B)=(C\setminus A)\cup(C\setminus B)$；

$C\setminus(A\cup B)=(C\setminus A)\cap(C\setminus B)$。

特别地，当 A 与 B 都为某个集合的子集时，有

$$(A\cap B)^{\mathrm{C}}=A^{\mathrm{C}}\cup B^{\mathrm{C}},\ (A\cup B)^{\mathrm{C}}=A^{\mathrm{C}}\cap B^{\mathrm{C}}。$$

证　只证 $A\cup(B\cap C)=(A\cup B)\cap(A\cup C)$，其他请读者自证。

①先证 $A\cup(B\cap C)\subseteq(A\cup B)\cap(A\cup C)$

对任意 $a\in A\cup(B\cap C)$，则 $a\in A$ 或者 $a\in B\cap C$。

若 $a\in A$，显然 $a\in A\cup B$ 且 $a\in A\cup C$，即 $a\in(A\cup B)\cap(A\cup C)$。

若 $a\in B\cap C$，则 $a\in B$ 且 $a\in C$。所以 $a\in A\cup B$ 且 $a\in A\cup C$，即

$$a\in(A\cup B)\cap(A\cup C)$$

②再证 $(A\cup B)\cap(A\cup C)\subseteq A\cup(B\cap C)$

对任意 $a\in(A\cup B)\cap(A\cup C)$，则 $a\in A\cup B$ 且 $a\in A\cup C$。

若 $a\notin A$，则 $a\in B$ 且 $a\in C$。

所以，$a\in A$ 或者 $a\in B\cap C$，即 $a\in A\cup(B\cap C)$。

由①和②可知，$A\cup(B\cap C)=(A\cup B)\cap(A\cup C)$。

最后，我们介绍一下集合的笛卡儿积，这是一种构造集合的有效方法。

定义 2.1.1　集合 A 和 B 的笛卡儿积表示所有有序对 (a,b) 组成的集合，其中 $a\in A,b\in B$，记作 $A\times B$，即 $A\times B=\{(a,b)\mid a\in A$ 且 $b\in B\}$。

当 A 和 B 中有一个为空集时，规定 $A\times B=\varnothing$，即 $A\times\varnothing=\varnothing,\varnothing\times B=\varnothing$。

例如，当 $A=B=\mathbf{R}$ 时，$A\times B=\mathbf{R}^2$ 就表示坐标平面上所有点的集合。当 $A=\{1,2\},B=\{a,b,c\}$ 时，则

$$A\times B=\{(1,a),(1,b),(1,c),(2,a),(2,b),(2,c)\}$$

$$B\times A=\{(a,1),(b,1),(c,1),(a,2),(b,2),(c,2)\}$$

由此可见，一般地，$A\times B\neq B\times A$。

例 2.2　试证：$A\times(B\cup C)=(A\times B)\cup(A\times C)$。

证　①先证 $A\times(B\cup C)\subseteq(A\times B)\cup(A\times C)$

对任意 $(a,x)\in A\times(B\cup C)$，则有 $a\in A,x\in B\cup C$。当 $x\in B$ 时，显然有 $(a,x)\in A\times B$。当 $x\in C$ 时，$(a,x)\in A\times C$。因此，$(a,x)\in(A\times B)\cup(A\times C)$。

②再证 $(A\times B)\cup(A\times C)\subseteq A\times(B\cup C)$

对任意 $(a,x)\in(A\times B)\cup(A\times C)$，则有 $(a,x)\in A\times B$ 或 $(a,x)\in A\times C$，即 $a\in A,x\in B\cup C$，所以 $(a,x)\in A\times(B\cup C)$。

由①和②可知，$A\times(B\cup C)=(A\times B)\cup(A\times C)$。

(三)容斥原理

容斥原理是为了避免重复计算的一种计数方法，在第九章我们还将学习更多的计数原理。下面我们用集合的语言来描述容斥原理。

用 $|A|$ 表示集合 A 中元素的个数。

定理 2.1.2　(容斥原理)设 A,B,C 为任意有限集合，则有

1) $|A\cup B|=|A|+|B|-|A\cap B|$;

2) $|A\cup B\cup C|=|A|+|B|+|C|-|B\cap C|-|A\cap B|-|A\cap C|+|A\cap B\cap C|$。

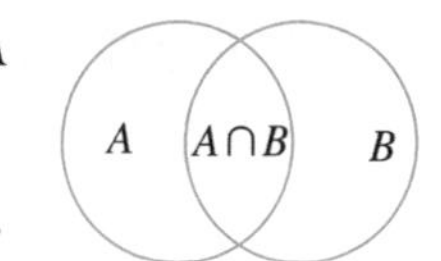

证　1)设集合 $A\cap B=\{s_1,s_2,\cdots,s_k\}$，$A=\{s_1,s_2,\cdots,s_k,a_1,\cdots,a_m\}$，$B=\{s_1,s_2,\cdots,s_k,b_1,\cdots,b_n\}$，则有

$A\cup B=\{s_1,s_2,\cdots,s_k,a_1,\cdots,a_m,b_1,\cdots,b_n\}$。

所以 $|A\cup B|=k+m+n=(m+k)+(n+k)-k=|A|+|B|-|A\cap B|$。

2)把 $A\cup B$ 看成一个集合，由 1) 可得

$$|A\cup B\cup C|=|(A\cup B)\cup C|$$
$$=|A\cup B|+|C|-|(A\cup B)\cap C)|$$

根据集合并与交的分配律可知：

$$|(A\cup B)\cap C)|=|(A\cap C)\cup(B\cap C)|$$
$$=|A\cap C|+|B\cap C|-|(A\cap C)\cap(B\cap C)|$$
$$=|A\cap C|+|B\cap C|-|A\cap B\cap C|$$

所以

$$|A\cup B\cup C|=|A\cup B|+|C|-|(A\cup B)\cap C)|$$
$$=|A|+|B|-|A\cap B|+|C|-(|A\cap C|+|B\cap C|-|A\cap B\cap C|)$$
$$=|A|+|B|+|C|-|B\cap C|-|A\cap B|-|A\cap C|+|A\cap B\cap C|$$

定理 2.1.2(2)的证明其实蕴含了数学归纳法的思想，借鉴这一证明，我们可以得到更一般性的定理：

定理 2.1.3　设 $A_1,A_2,\cdots,A_m$ 为 m 个有限集合，则有

$$|A_1\cup A_2\cup\cdots\cup A_m|=\sum_{1\leqslant i\leqslant m}|A_i|-\sum_{1\leqslant i<j\leqslant m}|A_i\cap A_j|$$
$$+\sum_{1\leqslant i<j<k\leqslant m}|A_i\cap A_j\cap A_k|-\cdots+(-1)^{m-1}|A_1\cap A_2\cap\cdots A_m|$$

例 2.3　在 1 到 1000 的自然数中，能被 3 或 5 整除的数共有多少个？

解　设集合 $A=\{3k\in\mathbf{N}\mid 1\leqslant 3k\leqslant 1000\}$，$B=\{5k\in\mathbf{N}\mid 1\leqslant 5k\leqslant 1000\}$，则在 1 到 1000 的自然数中，能被 3 或 5 整除的数共有 $|A\cup B|=|A|+|B|-|A\cap B|=333+200-66=467$ 个。

习　题

1. 已知 -1 为集合 $A=\{a^2+2a,a^2+a-1\}$ 的元素，求 a 的值。

2. 设集合 $\{a,\sqrt{a+b},1\}$ 与集合 $\{a^2,c,-2\}$ 相等，求 a,b,c 的值。

3. 在横线上填入适当的符号。

(1)请填入"="或"≠":

$\{1,2\}$ ________ $\{2,1\}$;$\{(1,2)\}$ ________ $\{(2,1)\}$。

(2)请填入"是"或"不是":

$\{1,1\}$ ________ 集合;$\{(1,1)\}$ ________ 集合。

(3)请填入适当的关系符号:

$\varnothing$ ________ $\{\varnothing\}$ 。

4. 设集合 A 中有 n 个元素,则 A 的真子集共有多少个?

5. 证明德·摩根定律:$(A\cap B)^{C}=A^{C}\cup B^{C}$,$(A\cup B)^{C}=A^{C}\cup B^{C}$。

6. 设 $A=\{x\mid 0<|x|\leqslant 1,x\in\mathbf{R}\}$,$B=\{y\mid 0<y\leqslant 1,y\in\mathbf{R}\}$,$C=\{z\mid -2<z<1,z\in\mathbf{R}\}$,求 $A\cup(B\cap C)$,$A\cap(B\cup C)$ 和 $A\times(B\cap C)$。

7. 设 A,B,C 为任意集合,下列哪些命题是正确的?并说明理由。

(1)A 不是 B 的子集,B 不是 C 的子集,则 A 不是 C 的子集。

(2)A 是 B 的子集,B 不是 C 的子集,则 A 不是 C 的子集。

(3)若 $A\subseteq B$,$B\subseteq C$,则 $A\subseteq C$。

(4)若 $A\cap B=A\cap C$,则 $B=C$。

(5)若 $A\cup B=A\cup C$,则 $B=C$。

(6)若 $A\cap B=A\cap C$ 且 $A\cup B=A\cup C$,则 $B=C$。

(7)$(A\backslash B)\backslash C=A\backslash(B\backslash C)$。

(8)$(A\backslash B)\backslash C=(A\backslash C)\backslash B$。

(9)$(C\backslash A)\cap B=(C\cap B)\backslash A$。

(10)$(C\backslash A)\cup B=(C\cup B)\backslash A$。

8. 讨论 $A\times(B\cap C)=(A\times B)\cap(A\times C)$ 是否成立。

9. 试说明命题"$A=C,B=D$,则 $A\times B=C\times D$"的逆命题是否成立。

10. 请证明定理 2.1.3。

2.2 映射的概念和运算

(一)映射的概念

映射的英文单词为"map",而"map"英文直译就是地图。地图就是现实空间中的一个位置要在二维平面当中找到对应点,即地图中每一个点都标示着现实空间中的一个位置。由此可知,映射是两个集合间的一种对应关系。映射是一个基本的数学概念，它有严谨的定义。有的人认为，数学就是研究各种各样的集合间的映射。下面我们就来讨论一下映射的概念及其运算。

定义 2.2.1　设 A,B 是非空集合，f 为一个对应法则，若 f 对于 A 中每个元素 a，都有 B 中唯一一个确定的元素 b 与它对应，则称 f 为 A 到 B 的一个映射，记作 $f:A\to B$ 或 $A\xrightarrow{f}B$。称 b 为 a 在 f 下的像，a 为 b 在 f 下的原像，记作 $f(a)=b$ 或 $f:a\mapsto b$。

集合 A 称为映射 f 的定义域，集合 $f(A)=\{f(a)\mid a\in A\}$ 称为 A 在映射 f 下的值域，也记作 R_f。

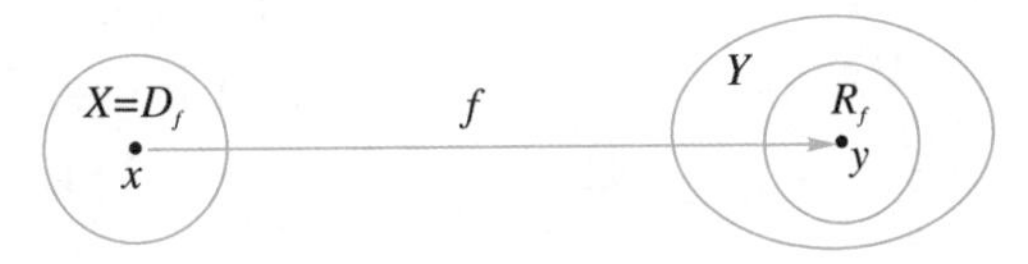

对于任意集合 A，都可以定义 $1_A:1_A(a)=a,a\in A$，即 1_A 把 A 上的元素映到它本身。显然 1_A 是一个映射，称为 A 上的恒等映射或单位映射。值得注意的是，并不是 A 到自身的所有映射都是恒等映射，比如对任意整数 n，我们定义 $f(n)=n+1$，容易验证 f 是 $\mathbf{Z}$ 到自身的映射，显然 f 不是恒等映射。

此外，实数集 $\mathbf{R}$ 上的函数 $y=f(x)$ 都是实数集 $\mathbf{R}$ 到它自身的映射，也就是说函数可以看成是映射的一个特殊情形。

设 f 为 A 到 B 的一个映射，定义 B 到 A 对应法则 $g:b\mapsto a$，其中 a 为 b 在 f 下的原像，但 g 不一定是 B 到 A 的映射。

例如，图 2-2 中，显然，f 是映射，但对于 g，B 中的元素 1 对应了 A 中的三个元素，且 B 中的元素 2 在 A 中找不到相应的元素与之对应，故对应法则 g 不是映射。

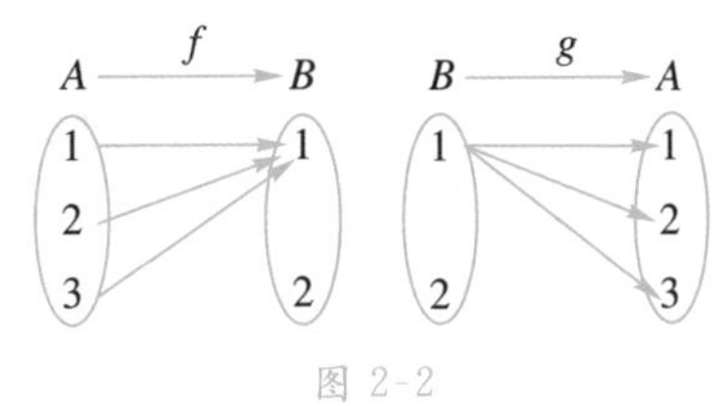

图 2-2

定理 2.2.1　设 $f:A\to B$ 是映射，$X\subseteq A,Y\subseteq A$，则有

$$f(X\cup Y)=f(X)\cup f(Y);\ f(X\cap Y)\subseteq f(X)\cap f(Y)。$$

证　先证 $f(X\cup Y)\subseteq f(X)\cup f(Y)$。任取 $b\in f(X\cup Y)$，即存在 $a\in X\cup Y$，使得 $b=f(a)$。也就是说存在 $a\in X$ 或 $a\in Y$，使得 $b=f(a)$。

当 $a\in X$ 时，$b=f(a)\in f(X)\subseteq f(X)\cup f(Y)$；

当 $a\in Y$ 时，$b=f(a)\in f(Y)\subseteq f(X)\cup f(Y)$。

总之，$b\in f(X)\cup f(Y)$。

再证 $f(X)\cup f(Y)\subseteq f(X\cup Y)$。任取 $f(X)\cup f(Y)$中的元素 b,则 $b\in f(X)$或 $b\in f(Y)$。当 $b\in f(X)$时,则存在 $x\in X$,使得 $b=f(x)\in f(X)$。同理,当 $b\in f(Y)$时,存在 $y\in Y$,使得 $b=f(y)\in f(Y)$。因此,$b\in f(X\cup Y)$。

所以 $f(X\cup Y)=f(X)\cup f(Y)$。

最后证 $f(X\cap Y)\subseteq f(X)\cap f(Y)$。对任意元素 $b\in f(X\cap Y)$,存在 $a\in X\cap Y$,使得 $b=f(a)$。因为 $a\in X$,所以 $b=f(a)\in f(X)$。又因为 $a\in Y$,所以 $b=f(a)\in f(Y)$。于是有 $b\in f(X)\cap f(Y)$。

例 2.4　设 $f:\mathbf{R}\to\mathbf{R}$,$f(x)=x^2+1$,$X$ 为所有正实数构成的集合,Y 为所有负实数构成的集合,因此 $f(X)=f(Y)$为所有大于 1 的实数构成的集合。所以 $f(X)\cup f(Y)=f(X)\cap f(Y)=f(X)$。又因为 $X\cup Y$ 是所有非零实数,因此 $f(X\cup Y)=f(X)\cup f(Y)$。显然 $X\cap Y=\varnothing$,于是 $f(X\cap Y)=\varnothing$。所以 $f(X\cap Y)\neq f(X)\cap f(Y)$。

根据定理 2.2.1 和例 2.1 可知,交和并两种运算在映射下有明显的区别,读者还可以进一步考虑等式 $f(X\cap Y)=f(X)\cap f(Y)$成立的条件。

(二)映射的复合

设 f 和 g 都为 A 到 B 的映射。若对任意 $a\in A$,有 $f(a)=g(a)$,则称 f 与 g 相等,记作 $f=g$。例如,设 $f:\mathbf{R}\to\mathbf{R}$,$f(x)=\sqrt{x^2}$,$g:\mathbf{R}\to\mathbf{R}$,$g(x)=|x|$,则 $f=g$。

设 $f:A\to B$ 是 A 到 B 的映射,那么对任意 $a\in A$,$f(a)$是 B 中由 a 唯一确定的元素,若 $g:B\to C$ 是 B 到 C 的映射,则 $g(f(a))$是 C 中唯一确定的与 a 对应的元素。于是我们就得到一个从 A 到 C 的映射 $g\circ f:A\to C$,$(g\circ f)(a)=g(f(a))$,$a\in A$,这个映射称为 f 和 g 的复合。

特别地,若映射 $f:A\to B$ 和 $g:B\to C$ 满足 $R_f\subseteq D_f$,则也可以同样定义 f 和 g 的复合。比如,$f:\mathbf{Z}\to\mathbf{Z}$,$f(n)=2n^2+1$,$g:\mathbf{R}^+\to\mathbf{R}$,$g(x)=\sqrt{1+x^2}$,则

$$g\circ f:\mathbf{Z}\to\mathbf{R},(g\circ f)(n)=\sqrt{1+n^2},$$

然而 $f\circ g$ 没有意义。由此可见,映射的复合不具有交换律,即便是 $g\circ f$ 和 $f\circ g$ 都有意义,一般 $f\circ g\neq g\circ f$。

例如,设 $f:\mathbf{R}\to\mathbf{R}$,$f(x)=x^2$,$g:\mathbf{R}\to\mathbf{R}$,$g(x)=1+x$,则

$$(g\circ f)(x)=g(f(x))=1+x^2,(f\circ g)(x)=f(g(x))=(1+x)^2。$$

但是,对于任意映射 $f:A\to B$,有

$$1_B\circ f=f=f\circ 1_A$$

虽然映射复合的交换律一般不成立,但是映射复合满足结合律,即

$$(h\circ g)\circ f=h\circ(g\circ f)$$

其中 $f:A\to B$,$g:B\to C$,$h:C\to D$ 都为映射。

最后，用映射的语言描述一下数集的运算。设 $A=\mathbf{R}\times\mathbf{R}, B=\mathbf{R}$，

加法运算 $+: A\to B, (r,s)\mapsto r+s, r,s\in\mathbf{R}$；

乘法运算 $\cdot: A\to B, (r,s)\mapsto r\cdot s, r,s\in\mathbf{R}$。

一般地，对于非空集合 A，从 $A\times A$ 到 A 的一个映射称为 A 的一个二元的代数运算。

例 2.5　对任意的 $r,s\in\mathbf{R}$，定义以下映射

$$\varphi: \mathbf{R}\times\mathbf{R}\to\mathbf{R}\times\mathbf{R}, \quad (r,s)\mapsto(r+s,s^2)$$

$$\tau: \mathbf{R}\times\mathbf{R}\to\mathbf{R}, \quad (r,s)\mapsto\frac{r+s}{2}$$

$$\sigma: \mathbf{R}\to\mathbf{R}\times\mathbf{R}, \quad r\mapsto(r,r),$$

1)计算 $(\varphi\circ\sigma)(\sqrt{2})$，$(\tau\circ\varphi)((1,2))$ 的值；

2)证明：$\tau\circ\sigma=1_{\mathbf{R}}$。

解　1) $(\varphi\circ\sigma)(\sqrt{2})=\varphi(\sigma(\sqrt{2}))=\varphi((\sqrt{2},\sqrt{2}))=(2\sqrt{2},2)$。

$(\tau\circ\varphi)((1,2))=\tau(\varphi((1,2)))=\tau((3,4))=\frac{7}{2}$。

2)对任意的 $r\in\mathbf{R}$，$(\tau\circ\sigma)(r)=\tau(\sigma(r))=\tau((r,r))=\frac{r+r}{2}=r=1_{\mathbf{R}}(r)$。

1. 设 $A=\{a,b,c\}$，$B=\{1,2,3,4\}$，判断下列 A 到 B 的对应法则是否为映射。

(1) $f: A\to B, f(a)=1, f(b)=1, f(c)=2$；

(2) $g: A\to B, g(a)=1, g(b)=2, f(c)=3, g(c)=4$；

(3) $h: A\to B, h(b)=2, h(c)=4$。

2. 对 $r\in\mathbf{R}$，定义 $f(r)=(r,r)$，说明 f 为 $\mathbf{R}$ 到 $\mathbf{R}\times\mathbf{R}$ 的一个映射。

3. 设 A,B 为任意两个非空集合，b_0 是 B 中的一个固定元素，定义 $f(a)=b_0$，其中 $a\in A$，问：f 是否为 A 到 B 的映射？

4. 设 $A=\{a,b,c\}$，$B=\{1,-1\}$。

(1)请写出两个从 A 到 B 的映射。

(2)问：A 到 B 一共可以建立几个映射？

(3)是否存在 A 到 B 的一个映射，使得 $f(a)+f(b)+f(c)=0$？若存在，请写出一个；若不存在，请说明理由。

5. 设 f 为 A 到 B 的一个映射，定义 B 到 A 对应法则 g 如下：

$$g(b)=a\text{，其中 } a \text{ 为 } b \text{ 在 } f \text{ 下的原像}$$

试问：f 满足什么条件时，g 为 B 到 A 的一个映射？

6. 设 $f:A\to B$ 是映射，定义

$$\tilde{f}:A\times A\to B\times B,\ \tilde{f}(a_1,a_2)=f(a_1)\times f(a_2)$$

(1)证明：$\tilde{f}$ 为 $A\times A$ 到 $B\times B$ 的一个映射。

(2)设 $X\subseteq A, Y\subseteq A$，问：$f(X\times Y)=f(X)\times f(Y)$ 是否成立？如果成立，请给出证明；如果不成立，请举出反例。

7. 设 $\otimes:\mathbf{R}^+\times\mathbf{R}^+\to\mathbf{R}^+,(r,s)\mapsto r^s,r,s\in\mathbf{R}$，即 $r\otimes s=r^s$。求 $2\otimes 3$ 和 $3\otimes 2$，并证明"$\otimes$"是一个 $\mathbf{R}^+$ 上的二元运算。

2.3 映射的分类

定义 2.3.1 设映射 $f:A\to B$，

1)若 $f(A)=B$，则称 f 是 A 到 B 的一个满射，即

$$\forall b\in B,\exists a\in A,\text{s.t. } f(a)=b$$

也就是说，$R_f=B$。

2)若 A 中不同元素的像也不同，则称 f 是 A 到 B 的一个单射，即

$$\forall a_1,a_2\in A,\text{若 } a_1\neq a_2,\text{则 } f(a_1)\neq f(a_2)$$

也就是说，对任意 $a_1,a_2\in A$，若 $f(a_1)=f(a_2)$，必有 $a_1=a_2$。

3)若 f 既是单射，又是满射，则称 f 为双射，也称 f 为 1—1 对应。

例如，$f:\mathbf{R}\to\mathbf{R},f(r)=\mathrm{e}^r$ 为单射；$g:\mathbf{R}\to\mathbf{Z},f(r)=[r]$（取 r 的整数部分）是满射；$h:\mathbf{N}\to\mathbf{N},f(n)=n+2$ 是双射。

定理 2.3.1 设映射 $f:A\to B,g:B\to C$，则有

1)如果 $g\circ f$ 是满射，那么 g 也是满射；

2)如果 $g\circ f$ 是单射，那么 f 也是单射；

3)如果 g,f 都是双射，那么 $g\circ f$ 也是双射。

证 1)任取 $c\in C$，由条件 $g\circ f$ 满射可知，存在 A 中的元素 a，使得 $(g\circ f)(a)=c$，因为 f 为 A 到 B 的映射，所以 $f(a)\in B$。令 $f(a)=b$，则 $g(b)=g(f(a))=(g\circ f)(a)=c$，因此 g 是满射。

2)设 $a_1,a_2\in A$，且 $f(a_1)=f(a_2)$，于是我们有 $(g\circ f)(a_1)=(g\circ f)(a_2)$。因为 $g\circ f$ 是单射，所以 $a_1=a_2$，即 f 也是单射。

3)留给读者作为练习。

显然两个有限集之间存在 1—1 对应的充要条件是这两个集合所含元素的个数相同，因此有限集合不能与其真子集建立一一对应。但是对于无限集未必如此。

显然，$2\mathbf{Z}=\{2n|n\in\mathbf{Z}\}$是$\mathbf{Z}$的真子集。对任意整数$n$，定义$g(n)=2n$，则$g$是$2\mathbf{Z}$与$\mathbf{Z}$之间的双射。

定义 2.3.2　设$f:A\to B$是A到B的映射，若存在映射$g:B\to A$，使得

$$g\circ f=1_A,f\circ g=1_B$$

则称f为可逆映射，g为f的逆映射，并把f的逆映射记作f^{-1}。

显然，若$f(a)=b$，则$f^{-1}(b)=a$，${1_A}^{-1}=1_A$。

定理 2.3.2　设$f:A\to B$是A到B的映射，则

1）f为可逆映射的充要条件是f为双射；

2）若f为可逆映射，则f的逆映射是唯一的；

3）若f为可逆映射，则f^{-1}也为可逆映射，且$(f^{-1})^{-1}=f$。

证　1）设f为可逆映射，则存在映射$g:B\to A$，使得$g\circ f=1_A$，$f\circ g=1_B$。显然1_A和1_B是双射，根据定理 2.3.1(1)和(2)可知f为双射。

反之，设f为双射。对任意$b\in B$，令$g(b)=a$，其中a为b在f下的原像。因为f为双射，所以b在f下的原像存在且唯一。因此，$g:B\to A$为映射，且满足$g\circ f=1_A$，$f\circ g=1_B$。

2）设g，h为f的逆映射，则

$$g=g\circ 1_B=g\circ(f\circ h)=(g\circ f)\circ h=1_A\circ h=h$$

3）请读者自证。

定义 2.3.3　设A，B是两个集合，若存在A与B之间的双射，则称A与B等势。

例如，$f:\mathbf{Z}\to 2\mathbf{Z}$，$f(n)=2n$是$\mathbf{Z}$和$2\mathbf{Z}$之间的双射，因此$\mathbf{Z}$和$2\mathbf{Z}$是等势的。

例 2.6　证明：$\mathbf{R}^+$与集合$S=(0,1)$是等势的。

证明　令$f:\mathbf{R}^+\to S$，$f(x)=\dfrac{x}{1+x}$，$g:S\to\mathbf{R}^+$，$g(y)=\dfrac{y}{1-y}$。容易验证$g\circ f=1_{\mathbf{R}^+}$，$f\circ g=1_S$，所以$f$为可逆映射。由定理 2.3.2(1)知，$f$为双射，所以$\mathbf{R}^+$与$S=(0,1)$是等势的。

习　题

1. 分类下列映射。

(1) $A=\{a,b,c\}$，$B=\{1,2,3\}$；

$f:f(a)=1,f(b)=1,f(c)=2$；

$g:g(a)=3,g(b)=2,f(c)=1$。

(2) $A=\mathbf{R}$，$B=\mathbf{R}\times\mathbf{R}$，$f:f(r)=(r,r)$，$r\in\mathbf{R}$。

(3) $A=\mathbf{R}\times\mathbf{R}$，$B=\mathbf{R}$，$g:g(r,s)=r$，$r$、$s\in\mathbf{R}$。

(4)A,B 为任意两个非空集合,b_0是 B 中的一个固定元素,$f:f(a)=b_0$。

(5)A 是一个集合,定义$1_A:1_A(a)=a,\forall a\in A$。

(6)$A=\mathbf{Z},B=2\mathbf{Z},g:g(n)=2n,\forall n\in\mathbf{Z}$。

(7)$A=B=\mathbf{R}[x]=\{$多项式全体$\}$,$\tau:\tau(p(x))=p'(x)$。

2.设 $f:A\to B$ 为映射,证明:

(1)f 是单射当且仅当存在映射 $g:B\to A$ 使得 $g\circ f=1_A$;

(2)f 是满射当且仅当存在映射 $g:B\to A$ 使得 $f\circ g=1_B$。

3.证明:设 A 和 B 是两个有限集合,所含元素的个数相同。若 $f:A\to B$ 为映射,f 为单射当且仅当 f 为满射。

4.设映射 $f:A\to B,g:B\to C$ 都是双射,证明 $g\circ f$ 也是双射。

5.设 $A=\{p(x)\in\mathbf{R}[x]\mid p(0)=0\},B=\mathbf{R}[x]$,令 $\tau(p(x))=p'(x)$,则 τ 是 A 与 B 之间的双射。

6.设 $f:A\to B$ 是映射,定义映射 $\tilde{f}:A\times A\to B\times B$, $\tilde{f}(a_1,a_2)=f(a_1)\times f(a_2)$(参见第 2.2 节习题 3),证明:$\tilde{f}$ 是单(满)射当且仅当 f 是单(满)射。

7.证明:$\mathbf{Z}$ 和 $\mathbf{Q}$ 是等势的。

8.设映射 $f:A\to B$,若存在映射 $g:B\to A$,使得 $g\circ f=1_A$或 $f\circ g=1_B$,讨论 f 是否为可逆映射。

9*.证明:$\mathbf{Q}$ 和 $\mathbf{R}$ 不等势。

第三章　函数及其基本性质

3.1　函数的概念

(一)函数的概念

映射又称为算子。根据集合 X,Y 的不同情形,在不同数学分支中有不同的惯用名称。从实数集(或其子集)到实数集的映射称为函数,具体定义如下:

定义 3.1.1　设数集 $D\subseteq\mathbf{R}$,则称映射 $f:D\to\mathbf{R}$ 为定义在 D 上的函数,记作 $y=f(x),x\in D$。其中 x 称为自变量,y 称为因变量,D 称为定义域。

这里表示函数的记号是可以任意选取的,除了常用的 f 外,还可以用其他英文字母或希腊字母,如 g,F,φ 等。相应地,函数可记作 $y=g(x)$,$y=F(x)$,$y=\varphi(x)$。也可以直接用因变量的记号来表示函数,即 $y=y(x)$。但在同一个问题中,讨论不同函数时,为了区别,需用不同的记号来表示它们。

构成函数的三个基本要素为定义域、值域和对应法则,遵守以下两点:

1) $\forall x\in D$,按对应法则 f,总有唯一确定的值 y 与之对应。

2) $\forall y\in f(X)$,y 的原像不一定是唯一的。

又因为值域是由对应法则 f 和定义域决定的,因此,如果两个函数定义域相同、对应法则相同,那么两个函数就相等,否则不相等。

例 3.1　判断下面两组函数是否相等。

1) $y=x^2,x\in[-1,1]$;$y=x^2,x\in[0,1]$。

2) $y=x^2,x\in[-1,1]$;$u=t^2,t\in[-1,1]$。

解　1)虽然两个函数表示形式一样,但由于两者定义域不相同,因此两函数不相等;

2)函数自变量和应变量虽然记成不同字母,但函数的定义域、对应法则相同,值域自然也相同,所以两个函数相等。

请大家思考：如果两个函数的定义域和值域都是相同的，那这两个函数相等吗？

函数的定义域通常按以下两种情形来确定：

1）对于有实际背景的函数，定义域根据实际意义确定。如自由落体运动函数 $s=\frac{1}{2}gt^2$，因为 t 表示时间，所以定义域为 $[0,T]$，这里 T 是落地时间。

2）抽象地用算式表达的函数，定义域是使算式有意义的一切实数的集合。例如 $y=\sqrt{1-x^2}$，定义域为 $[-1,1]$。

函数的表示方法也是多种多样的，除了常见的解析法外，还有表格法、图形法等。

（二）特殊函数

1. 符号函数

$$y=\operatorname{sgn}x=\begin{cases}-1, & x<0\\ 0, & x=0\\ 1, & x>0\end{cases}$$

如图 3-1 所示，符号函数的定义域 $D=(-\infty,+\infty)$，值域 $R_f=\{-1,0,1\}$。从定义可知，此函数之所以称为符号函数，是因为它能把函数的符号析离出来。因此有：$\forall x\in\mathbf{R}, x=\operatorname{sgn}x\cdot|x|$。

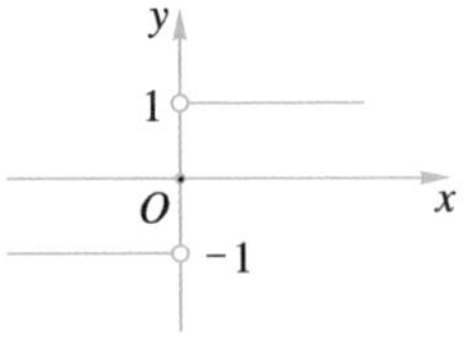

图 3-1

2. 取整函数

设 x 为任一实数，不超过 x 的最大整数称为 x 的整数部分，记作 $[x]$。函数 $y=[x]=n$，其中 $x-1<n\leqslant x, n\in\mathbf{Z}$，称为取整函数。它的定义域 $D=(-\infty,+\infty)$，值域 $R_f=\mathbf{Z}$。函数图形如图 3-2 所示，是阶梯曲线。

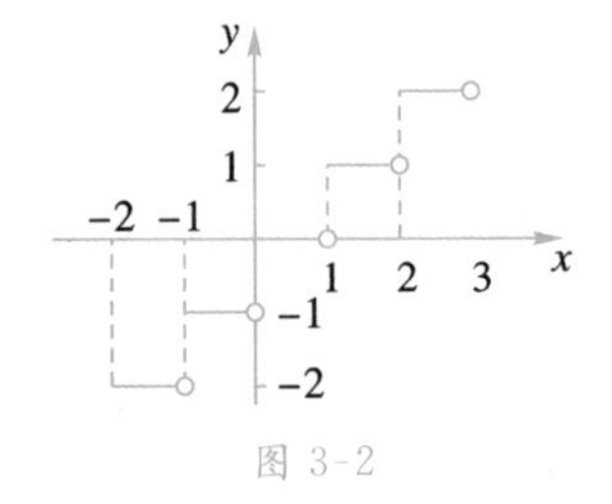

图 3-2

3. 分段函数

当自变量在不同范围时，对应法则用不同式子来表示的函数，称为分段函数。例如符号函数。

4. Dirichlet 函数

$$D(x)=\begin{cases}1, x\in \mathbf{Q}\\0, x\in \mathbf{Q}^{C}\end{cases}$$

Dirichlet 函数是无法画出图形的，请读者自行思考原因。

(三)函数的四则运算

设 D_f, D_g 分别为函数 $f(x), g(x)$ 的定义域，如果 $D=D_f\cap D_g\neq\varnothing$，利用实数的四则运算定义这两个函数的下列运算：

1)和差：$f\pm g$　$(f\pm g)(x)=f(x)\pm g(x), x\in D$；

2)积：$f\cdot g$　$(f\cdot g)(x)=f(x)\cdot g(x), x\in D$；

3)商：$\dfrac{f}{g}$　$\left(\dfrac{f}{g}\right)(x)=\dfrac{f(x)}{g(x)}, x\in D\backslash\{x\mid g(x)=0, x\in D\}$。

例如：$f(x)=x, g(x)=\ln x$，则 $(f\cdot g)(x)=x\cdot\ln x, x\in(0,+\infty)$。

(四)复合函数

定义 3.1.2　设函数 $y=f(u)$ 的定义域为 D_f，函数 $u=g(x)$ 的定义域为 D_g，且其值域 $R_g\subseteq D_f$，则由下式确定的函数 $y=f[g(x)], x\in D_g$ 称为函数 $u=g(x)$ 与函数 $y=f(u)$ 构成的复合函数，记为 $f\circ g$，即

$$(f\circ g)(x)=f[g(x)],\quad x\in D_g$$

这里变量 u 称为中间变量。

例如：$f(x)=x, g(x)=\ln x$，则 $(f\circ g)(x)=f[g(x)]=f(\ln x)=\ln x, x\in(0,+\infty)$

对于复合函数，在运算时要**注意**以下几点：

1. 函数 $f(x)$ 和 $g(x)$ 复合的必要条件是 $R_g\subseteq D_f$。

例如：1) $y=f(u)=\ln u$ 的定义域 $D_f=(0,+\infty)$，$u=g(x)=-x^2$ 的值域为 $R_g=(-\infty,0]$。显然，$R_g\not\subset D_f$，故 g 与 f 不能构成复合函数。

2) $y=f(u)=\sqrt{u}$ 的定义域 $D_f=[0,+\infty)$，$u=g(x)=1-x^2$ 的值域为 $R_g=(-\infty,1]$，同样因为 $R_g\not\subset D_f$，g 与 f 不能构成复合函数。但可以限制 D_g 为 $[-1,1]$，则 $R_g=[0,1]$，$R_g\subset D_f$，从而 g 与 f 构成复合函数 $(f\circ g)(x)=f(g(x))=\sqrt{1-x^2}, x\in[-1,1]$。

2. 函数复合不满足交换律，即一般有$(f\circ g)(x)\neq(g\circ f)(x)$。

例如：$f(x)=x^2,x\in\mathbf{R}$；$g(x)=x^2+1,x\in\mathbf{R}$，则

$$(f\circ g)(x)=f(g(x))=(x^2+1)^2,x\in\mathbf{R}$$
$$(g\circ f)(x)=g(f(x))=x^4+1,x\in\mathbf{R}$$

3. 有限个函数可以构成复合函数。

例如：$y=\sqrt{u},u=\sin^2 v+3,v=\frac{x}{2}$可构成复合函数 $y=\sqrt{\sin^2\frac{x}{2}+3},x\in(-\infty,\infty)$。

(五)反函数

定义 3.1.3　设函数 $f:D\to f(D)$是单射，则存在逆映射$f^{-1}:f(D)\to D$，使$\forall y\in f(D)$，∃唯一的 $x\in D$，满足$f^{-1}(y)=x$，其中 $x=f(y)$，称此映射f^{-1}为 f 的反函数。$y=f(x)$的反函数是 $x=f^{-1}(y)$。

例如：函数 $y=x^3,x\in\mathbf{R}$ 是单射，其反函数为 $x=y^{1/3},y\in\mathbf{R}$。

函数 $y=x^2,x\in\mathbf{R}$，因为不是单射，所以没有反函数；但如果将其定义域限定为$x\in[0,+\infty]$，因符合反函数的条件，有反函数 $x=\sqrt{y},y\in[0,+\infty]$。

我们习惯上把自变量记为 x，把因变量记为 y，所以通常将 $y=f(x),x\in D$ 的反函数记成 $y=f^{-1}(x),x\in f(D)$。如上例中反函数常记为 $y=x^{1/3},x\in\mathbf{R}$；如指数函数 $y=e^x$的反函数为对数函数 $y=\ln x$(图 3-3)。

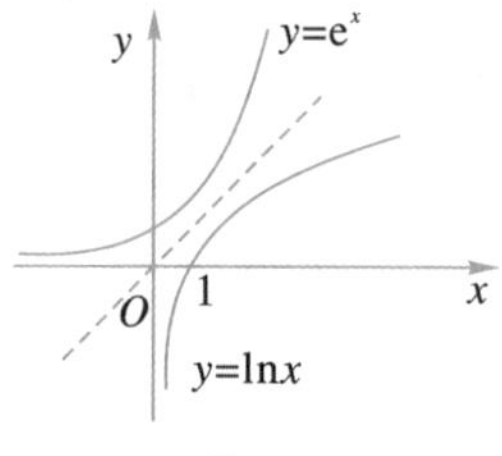

图 3-3

由图 3-3，我们可以得到函数 $y=e^x$ 和其反函数 $y=\ln x$ 的图形关于直线 $y=x$ 对称。进一步可以推广到更一般的结果：函数的图形与反函数的图形关于直线 $y=x$ 对称。

例 3.2　已知函数 $y=f(x)$有反函数 $y=f^{-1}(x)$，若 $f(2)=1$，求 $f^{-1}(1)$的值。

解　由定义可知，$y=f(x)$的自变量和因变量分别为 $y=f^{-1}(x)$的因变量和自变量。由 $f(2)=1$ 可知，$f^{-1}(1)=2$。

(六)限制与延拓

定义 3.1.4　设函数 $f(x),x\in X_1$和 $g(x),x\in X_2$，满足$X_1\subset X_2$，且 $f(x)=$

$g(x)$，$x\in X_1$，则称 $f(x)$ 是 $g(x)$ 在X_1上的限制，$g(x)$是 $f(x)$ 在X_2上的延拓。

例　已知 $f(x)$，$x\in(0,+\infty)$，若 $g(x)=\begin{cases}f(x), & x\in(0,+\infty)\\ -f(-x), & x\in(-\infty,0)\end{cases}$，由定义，$f(x)$是$g(x)$在$(0,+\infty)$上的限制，而 $g(x)$是 $f(x)$在$(-\infty,+\infty)$上的延拓。因为 $g(x)$是奇函数，所以称此延拓为奇延拓；如果延拓后的函数是偶函数，则称此延拓为偶延拓。

例 3.3　已知 $f(x)$是 **R** 上的奇函数。当 $x>0$ 时，$f(x)=-2x^2+3x+1$，求 $f(x)$的表达式。

解　当 $x<0$ 时，$-x>0$，$f(-x)=-2(-x)^2+3(-x)+1=-2x^2-3x+1$。

由 $f(x)$是奇函数，有：$f(x)=-f(-x)$，所以 $f(x)=2x^2+3x-1$。

由 $f(x)$是 **R** 上的奇函数，有 $f(-0)=-f(0)$，得 $f(0)=0$。

故 $f(x)=\begin{cases}-2x^2+3x+1, x>0\\ 0, x=0\\ 2x^2+3x-1, x<0\end{cases}$

习　题

1. 判断下列函数是否相同。

1) $f(x)=\ln x^2$，$g(x)=2\ln x$；

2) $f(x)=\sqrt[3]{x^4-x^3}$，$g(x)=x\sqrt[3]{x-1}$。

2. 已知函数 $y=f(x)=\begin{cases}2\sqrt{x}, & 0\leqslant x\leqslant 1\\ 1+x, & x>1\end{cases}$，写出 $f(x)$的定义域和值域，并求出 $f\left(\frac{1}{2}\right)$及 $f\left(\frac{1}{t}\right)(t>0)$。

3. 设函数 $f(x)$的定义域为 **R**，且满足 $2f(x)+f(-x)=x^2$，求函数 $f(x)$。

4. 求下列函数的反函数。

1) $y=1+\ln(x+2)$；

2) $y=\sqrt[3]{x+1}$。

5. 设 $f(x)$的定义域 $D=[0,1]$，求下列各函数定义域。

1) $f(\sin x)$；

2) $f(x+a)+f(x-a)$，$a>0$。

6. 设 $f(x)=x$，$x\in(0,+\infty)$，求 $f(x)$在$(-\infty,+\infty)$上的偶延拓函数。

7. 已知定义在 **R** 上的函数 $f(x)$，其值域也是 **R**，并且 $\forall x,y\in\mathbf{R}$，$f(xf(y))=$

xy,求$|f(2007)|$。

8.已知 $f(x)=\dfrac{x^2}{1+x^2}, x\in \mathbf{R}$。

(1)计算 $f(a)+f\left(\dfrac{1}{a}\right)$的值;

(2)计算 $f(1)+f(2)+f\left(\dfrac{1}{2}\right)+f(3)+f\left(\dfrac{1}{3}\right)+f(4)+f\left(\dfrac{1}{4}\right)$的值。

9.已知定义域为 $\mathbf{R}$ 的函数 $f(x)$满足 $f(f(x)-x^2+x)=f(x)-x^2+x$。若 $f(2)=3$,求 $f(1)$。

3.2 函数的性质

函数的基本性质包括有界性、单调性、凹凸性、奇偶性及周期性等。

(一)有界性

设函数 $f(x)$的定义域为 D,数集 $X\subseteq D$,如果存在实数K_1,使得$\forall x\in X$,都有 $f(x)\leqslant K_1$,那么称函数 $f(x)$在 X 上有上界,K_1称为函数 $f(x)$在 X 上的一个上界。如果存在实数K_2,使得$\forall x\in X$,都有 $f(x)\geqslant K_2$,那么称函数 $f(x)$在 X 上有下界,K_2称为函数 $f(x)$在 X 上的一个下界。

上下界不唯一,如 $\sin x\leqslant 1<2$,那么 1 和 2 都是 $\sin x$ 的上界。

如果存在正数 M,使得$\forall x\in X$,都有$|f(x)|\leqslant M$,那么称函数 $f(x)$在 X 上有界。如果这样的 M 不存在,则称 $f(x)$在 X 上无界,即如果对于任何正数 M,总存在 $x_1\in X$,使得$|f(x_1)|>M$,那么称 $f(x)$在 X 上无界。

定理 3.2.1 函数 $f(x)$在 X 上有界当且仅当它在 X 上既有上界又有下界。

证 **必要性** 设 $f(x)$在 X 上有界,即$\exists M>0$, s. t. $\forall x\in X$, $|f(x)|\leqslant M$ 成立,其等价于$-M\leqslant f(x)\leqslant M$。

由定义知 $f(x)$在 X 上既有上界 M 又有下界$-M$,所以条件是必要的。

充分性 设 $f(x)$在 X 上既有上界又有下界,即$\exists K_1, K_2$, s. t. $\forall x\in X, K_2\leqslant f(x)\leqslant K_1$成立。

取 $M=\max\{|K_1|, |K_2|\}$,有$-M\leqslant K_2\leqslant f(x)\leqslant K_1\leqslant M$,即$|f(x)|\leqslant M$。

故 $f(x)$在 X 上有界。

例 3.4 分析函数 $f(x)=\dfrac{1}{x}$在$(0,1)$和$(1,2)$区间的有界性。

解 在$(0,1)$内:由$\dfrac{1}{x}>1$,可知有下界。

但因为对任意 $M>0$,总存在 $x=\frac{1}{M+1}$,有 $\frac{1}{x}=M+1>M$,所以 $f(x)=\frac{1}{x}$ 在 $(0,1)$ 内没有上界。

故由定义知 $f(x)=\frac{1}{x}$ 在 $(0,1)$ 内无界。

在 $(1,2)$ 内:由 $\left|\frac{1}{x}\right|\leqslant 1$ 有 $f(x)=\frac{1}{x}$ 在 $(1,2)$ 内有界。

由上可知,函数的有界性一定要关注定义区间。

(二)单调性

设函数 $f(x)$ 的定义域为 D,区间 $I\subseteq D$。如果对于区间 I 上任意两点 x_1,x_2:当 $x_1<x_2$ 时,有 $f(x_1)<f(x_2)$,那么称函数 $f(x)$ 在区间 I 上是单调增加的;当 $x_1<x_2$ 时,有 $f(x_1)>f(x_2)$,那么称函数 $f(x)$ 在区间 I 上是单调减少的。单调增加和单调减少的函数统称为单调函数。

例 3.5　函数的单调性需要注意区间,如函数 $f(x)=x^2$ 在 $(0,+\infty)$ 上单调增加,在 $(-\infty,0)$ 上单调减少,但在 $(-\infty,+\infty)$ 上 $f(x)$ 不是单调函数。

证明对数函数 $y=\ln x$ 在定义域上单调递增。

证　$\forall x_1,x_2\in(0,+\infty)$,且 $x_1<x_2$,有 $\ln x_1-\ln x_2=\ln\frac{x_1}{x_2}$。

因 $0<\frac{x_1}{x_2}<1$,则 $\ln\frac{x_1}{x_2}<0$,故 $\ln x_1<\ln x_2$。由定义,$y=\ln x$ 在定义域上单调递增。

函数的单调性有如下**结论**:

1)在区间 I 上有限个单调递增(减)函数的和仍为单调递增(减)函数。

例如:在 $(0,+\infty)$ 上单调递增函数 $y=x^2,y=\ln x,y=2^x$ 的和函数 $f(x)=x^2+\ln x+2^x$ 在 $(0,+\infty)$ 上仍为单调递增函数。

请读者自行思考:有限个单调递增函数的积仍为单调递增函数吗?

2)若函数 $y=f(u)$ 在 D 上单调递减,$u=g(x)$ 在 I 上单调递增且 $R_g\subseteq D$,则 $y=f(g(x))$ 在 I 上单调递减。

证　$\forall x_1,x_2\in I$,且 $x_1<x_2$。因为 $g(x)$ 在 I 上单调递增,有 $g(x_1)<g(x_2)$,即 $u_1<u_2,u_1=g(x_1),u_2=g(x_2)$。又因为 $y=f(u)$ 在 D 上单调递减,且 $R(g)\subseteq D$,有 $f(u_1)>f(u_2)$。也就是:$\forall x_1,x_2\in I$,有 $f(g(x_1))>f(g(x_2))$,所以函数 $y=f(g(x))$ 在 I 上单调递减。

请读者自行思考:若上述两函数的单调性是其他情况,复合函数的单调性又将如何?

3)单调函数必存在反函数,且反函数的单调性与原函数的单调性相同。

4)闭区间上的单调函数,在端点处取到最值,且有界。

请读者自行思考:开区间上的单调函数是否能有界?如果是,请试着证明;不是,请举反例。

(三)凹凸性

设 $f(x)$ 在区间 I 上连续,如果对于 I 上任意两点 x_1,x_2 恒有:$f\left(\frac{x_1+x_2}{2}\right)>\frac{f(x_1)+f(x_2)}{2}$,称 $f(x)$ 为 I 上的凸函数(如图 3-4(a)所示);$f\left(\frac{x_1+x_2}{2}\right)<\frac{f(x_1)+f(x_2)}{2}$,称 $f(x)$ 为 I 上的凹函数(如图 3-4(b)所示)。

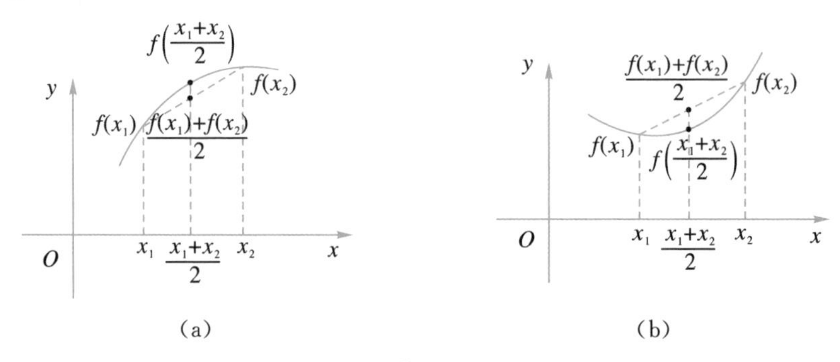

图 3-4

例 3.6 求证 $y=x^2$ 在 $\mathbf{R}$ 上是凹函数。

证 $\forall x_1,x_2\in\mathbf{R}$,

$$f\left(\frac{x_1+x_2}{2}\right)-\frac{f(x_1)+f(x_2)}{2}=-\frac{x_1^2+x_2^2-2x_1x_2}{4}=-\left(\frac{x_1-x_2}{2}\right)^2<0$$

即 $f\left(\frac{x_1+x_2}{2}\right)<\frac{f(x_1)+f(x_2)}{2}$,由定义知 $y=x^2$ 在 $\mathbf{R}$ 上是凹函数。

例 3.7 求证 $y=\ln x$ 在定义域上是凸函数。

证 $\forall x_1,x_2\in(0,+\infty)$,

$$\ln\frac{x_1+x_2}{2}-\frac{\ln x_1+\ln x_2}{2}=\ln\frac{x_1+x_2}{2}-\ln\sqrt{x_1x_2}=\ln\frac{x_1+x_2}{2\sqrt{x_1x_2}}。$$

由 $x_1+x_2>2\sqrt{x_1x_2}$,即 $\frac{x_1+x_2}{2\sqrt{x_1x_2}}>1$,因此 $\ln\frac{x_1+x_2}{2\sqrt{x_1x_2}}>0$,得:$\ln\frac{x_1+x_2}{2}>\frac{\ln x_1+\ln x_2}{2}$。

所以 $y=\ln x$ 在定义域上是凸函数。

(四)奇偶性

设函数 $f(x)$的定义域 D 关于原点对称，如果对于任意 $x\in D$，有 $f(-x)=f(x)$，则称 $f(x)$为偶函数(如图 3-5(a)所示)；如果对于任意 $x\in D$，有 $f(-x)=-f(x)$，则称 $f(x)$为奇函数(如图 3-5(b)所示)。

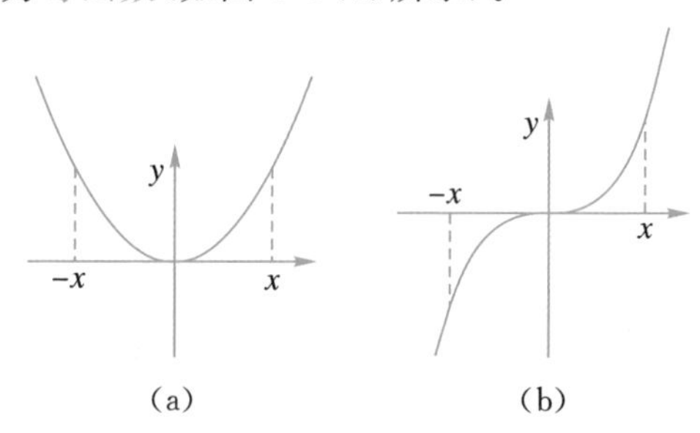

图 3-5

由图形可以得到：偶函数的图像关于 y 轴对称；奇函数的图像关于原点对称。

注：判断函数奇偶性时，首先判断定义域是否关于原点对称。

函数的奇偶性有如下性质：

1)奇偶性相同的有限个函数的和奇偶性不变。

例如：$f_1(x)=x$，$f_2(x)=x^3$，$f_3(x)=x^5$ 在$(-\infty,+\infty)$均为奇函数，它们的和函数为 $f(x)=x+x^3+x^5$，因为 $f(-x)=-x-x^3-x^5=-f(x)$，由定义知 $f(x)$在$(-\infty,+\infty)$仍为奇函数。

然而，$f_1(x)=\sin x$，$f_2(x)=\cos x$ 在$(-\infty,+\infty)$一个为奇函数，一个为偶函数，它们的和函数为 $f(x)=\sin x+\cos x$，因为 $f(-x)=-\sin x+\cos x\neq f(x)$或$-f(x)$，所以 $f(x)$在$(-\infty,+\infty)$上非奇非偶。

2)奇偶性相同的两个函数之积是偶函数；奇函数与偶函数之积是奇函数。

请读者自行思考：如果是除法，结果会如何？

3)若 $f(x)$在 $x=0$ 有定义，则当 $f(x)$为奇函数时，必有 $f(0)=0$。

证　由 $f(-x)=-f(x)$，知 $f(-0)=-f(0)$，即 $f(0)=0$。

4)奇函数的图像是以原点为对称中心的中心对称图形；偶函数的图形是以 y 轴为对称轴的轴对称图形。

例 3.8　求证：定义在$(-l,l)$上的任意函数 $f(x)$一定可以表示成定义在$(-l,l)$上的一个奇函数与一个偶函数之和。

思路：假设已找到这两个函数：奇函数记为 $g(x)$，偶函数记为 $h(x)$，则$f(x)=h(x)+g(x)$。

由奇偶性有 $f(-x)=h(-x)+g(-x)=h(x)-g(x)$。两式联立，有方程组：

$$\begin{cases} f(x)=h(x)+g(x) \\ f(-x)=h(x)-g(x) \end{cases}$$

求解方程组可得

$$\begin{cases} h(x)=\dfrac{f(x)+f(-x)}{2} \\ g(x)=\dfrac{f(x)-f(-x)}{2} \end{cases}$$

证　取 $h(x)=\dfrac{f(x)+f(-x)}{2}$，$g(x)=\dfrac{f(x)-f(-x)}{2}$，易得 $h(x)$是偶函数，$g(x)$是奇函数，且

$$h(x)+g(x)=\frac{f(x)+f(-x)}{2}+\frac{f(x)-f(-x)}{2}=f(x)$$

证毕。

(五)周期性

设函数 $f(x)$的定义域为 D，如果存在一个正数 l，使得对于任意 $x\in D$ 有$(x\pm l)\in D$ 且 $f(x+l)=f(x)$成立，那么 $f(x)$称为周期函数，l 称为函数 $f(x)$的一个周期。

我们所熟知的周期函数有：以 2π 为周期的 $y=\sin x$，$y=\cos x$，以 π 为周期的 $y=\tan x$，$y=\cot x$。

我们通常所说的周期函数的周期是指最小正周期。如 2π 和 4π 均为 $y=\sin x$ 的周期，但我们一般称 $y=\sin x$ 是以 2π 为周期的周期函数。

关于函数的周期性，有如下几个注意点：

1)若 l 为函数 $f(x)$的周期，则对任意的正整数 n，nl 也是 $f(x)$的周期。

2)周期函数的定义域不一定为 $\mathbf{R}$。

如 $f(x)=\lg\sin x$ 是周期为 2π 的周期函数，其定义域为$(2k\pi,2k\pi+\pi)$，$k\in\mathbf{Z}$。

3)周期为 l 的函数，在每个长度为 l 的区间上函数图形有相同的形状。

4)周期函数不一定存在最小正周期。

例如，Dirichlet 函数：$D(x)=\begin{cases} 1,x\in\mathbf{Q} \\ 0,x\in\mathbf{Q}^{C} \end{cases}$是周期函数，但没有最小正周期。事实上，当 $l\in\mathbf{Q}$ 时：

若 $x\in\mathbf{Q}$，则$(x+l)\in\mathbf{Q}$，所以 $f(x+l)=1=f(x)$；

若 $x\in\mathbf{Q}^{C}$，则$(x+l)\in\mathbf{Q}^{C}$，所以 $f(x+l)=0=f(x)$。

由定义，任意有理数 l 为 Dirichlet 函数的周期。

当 $l\in\mathbf{Q}^{C}$时：因为无理数与无理数的和差可能为有理数，也有可能为无理数，

故 $f(x+l)$ 不一定等于 $f(x)$，因此 l 不是周期。

综上所述，所有有理数都是 Dirichlet 函数的周期。但因为没有最小正有理数，所以此函数没有最小正周期。

5）两个周期函数之和不一定是周期函数。

例如，$h(x)=\sin x$ 以 2π 为周期，$g(x)=\tan x$ 以 π 为周期，$h(x)+g(x)=\sin x+\tan x$ 以 2π 为周期。但是，$h(x)=\sin x$ 与 Dirichlet 函数的和不是周期函数。

习　题

1. 证明：函数 $f(x)=\frac{1}{x}\sin\frac{1}{x}$ 在区间 $(0,1]$ 上无界，但在 $[a,+\infty)$ 上有界，其中 $a>0$。

2. 设 $f(x)$ 在 $\mathbf{R}$ 上单调递增，$g(x)$ 在 $\mathbf{R}$ 上单调递减，讨论复合函数 $f(f(x))$，$f(g(x))$，$g(g(x))$，$g(f(x))$ 的单调性。

3. 设 $f(x)=\begin{cases}x, & 0\leqslant x<3\\ -x, & -4<x<0\end{cases}$，请判断函数的奇偶性。

4. 已知函数 $f(x)$，$x\in\mathbf{R}$，若对于任意实数 a，b，都有 $f(a+b)=f(a)+f(b)$。求证：$f(x)$ 为奇函数。

5. 常量函数 $f(x)=C$ 是周期函数吗？如果是，问：是否存在最小周期？

6. 设 $f(x)=x-[x]$，试证 $f(x)$ 是周期函数，并求出最小周期。

7. 设 $f(0)=0$ 且 $x\neq 0$ 时，$af(x)+bf\left(\frac{1}{x}\right)=\frac{c}{x}$，其中 a，b，c 为常数，且 $|a|\neq|b|$，证明：$f(x)$ 为奇函数。

8. 证明：$\sin(x^2+x)$ 不是周期函数。

9. 若函数 $f(x)(-\infty<x<+\infty)$ 的图像关于直线 $x=a$ 与 $x=b(b>a)$ 对称，求证：$f(x)$ 为周期函数。

10. 求证反函数的单调性和原函数相同。

3.3　基本初等函数

在中学数学中，已经讲过以下几类函数，它们称为基本初等函数：

1）常值函数：$y=c$（c 为实常数）；

2）幂函数：$y=x^\alpha$（$\alpha\in\mathbf{R}$ 是常数）；

3)指数函数：$y=a^x(a>0,a\neq1)$；

4)对数函数：$y=\log_a x(a>0,a\neq1)$。特别当 $a=\mathrm{e}$ 时，记为 $y=\ln x$；

5)三角函数：

名称	函数	定义域	值域
正弦函数	$y=\sin x$	$\mathbf{R}$	$[-1,1]$
余弦函数	$y=\cos x$	$\mathbf{R}$	$[-1,1]$
正切函数	$y=\tan x=\dfrac{\sin x}{\cos x}$	$\left\{x\mid x\in\mathbf{R},x\neq k\pi+\dfrac{\pi}{2}\right\}$	$\mathbf{R}$
余切函数	$y=\cot x=\dfrac{\cos x}{\sin x}$	$\{x\mid x\in\mathbf{R},x\neq k\pi\}$	$\mathbf{R}$
正割函数	$y=\sec x=\dfrac{1}{\cos x}$	$\left\{x\mid x\in\mathbf{R},x\neq k\pi+\dfrac{\pi}{2}\right\}$	$(-\infty,-1]\cup[1,+\infty)$
余割函数	$y=\csc x=\dfrac{1}{\sin x}$	$\{x\mid x\in\mathbf{R},x\neq k\pi\}$	$(-\infty,-1]\cup[1,+\infty)$

6)反三角函数：三角函数的反函数称为反三角函数，即

名称	函数	定义域	值域
反正弦函数	$y=\arcsin x$	$[-1,1]$	$\left[-\dfrac{\pi}{2},\dfrac{\pi}{2}\right]$
反余弦函数	$y=\arccos x$	$[-1,1]$	$[0,\pi]$
反正切函数	$y=\arctan x$	$\mathbf{R}$	$\left[-\dfrac{\pi}{2},\dfrac{\pi}{2}\right]$
反余切函数	$y=\mathrm{arccot}\,x$	$\mathbf{R}$	$[0,\pi]$
反正割函数	$y=\mathrm{arcsec}\,x$	$(-\infty,-1]\cup[1,+\infty)$	$[0,\pi]$
反余割函数	$y=\mathrm{arccsc}\,x$	$(-\infty,-1]\cup[1,+\infty)$	$\left[-\dfrac{\pi}{2},\dfrac{\pi}{2}\right]$

由常数和基本初等函数经过有限次的四则运算和有限次的复合所构成并可用一个式子表示的函数，称为初等函数。

(一)幂函数 $y=x^\alpha(\alpha\in\mathbf{R}$ 是常数)

1. 图像与性质

规定 $x^0=1(x\neq0)$；0^0 没有意义。

如图 3-6 所示是常见幂函数 $y=x,y=x^2,y=x^3,y=\dfrac{1}{x},y=x^{1/2}$ 的图像。

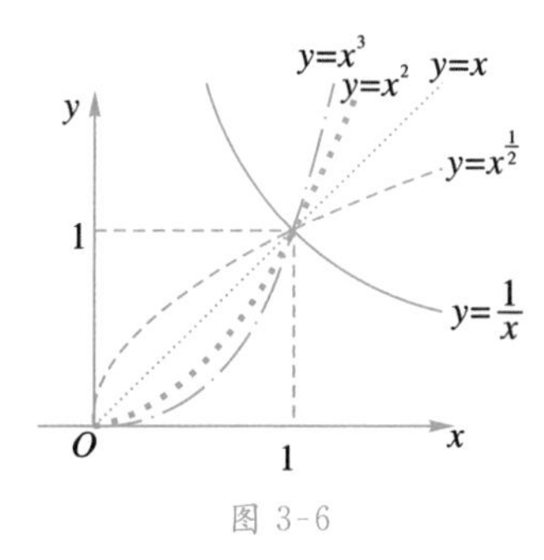

图 3-6

由图 3-6 可知：幂函数第一象限都有图像且经过点(1,1)；幂函数图像不经过第四象限；当 $a>0$ 时，图像经过原点；当 $a<0$ 时，图像不过原点。

请读者自行思考：随着 a 取值的不同，函数的单调性、奇偶性、凹凸性会怎样变化？

2. 运算规则

$$x^{-\alpha}=\frac{1}{x^{\alpha}} \qquad x^{\alpha}\cdot x^{\beta}=x^{\alpha+\beta} \qquad \frac{x^{\alpha}}{x^{\beta}}=x^{\alpha-\beta} \qquad (x^{\alpha})^{\beta}=x^{\alpha\beta}$$

由平方差公式、立方差公式，用数学归纳法，可得

$$x^{n}-y^{n}=(x-y)(x^{n-1}+x^{n-2}y+\cdots+xy^{n-2}+y^{n-1})$$

(二)指数函数 $y=a^{x}(a>0,a\neq1)$

1. 图像与性质

如图 3-7 所示是指数函数 $y=a^{x}(a>0,a\neq1)$的图像。

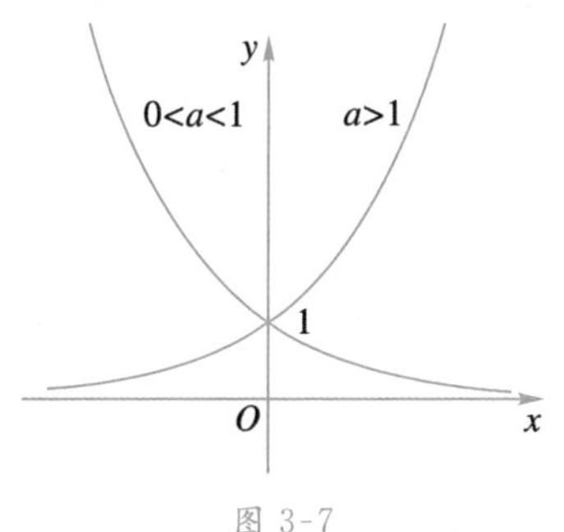

图 3-7

由图 3-7 可知：图像经过(0,1)，与 x 轴无限接近，但不相交；当 $0<a<1$ 时，函数图像单调递减、为凹函数；当 $a>1$ 时，函数图像单调递增、为凹函数；函数没有上界，但有下界 0，即 $a^{x}>0$；函数非奇非偶，没有周期性。函数 $y=a^{x}$ 的图像与函数 $y=\left(\frac{1}{a}\right)^{x}$ 的图像关于有轴对称。

2. 运算规则

$$a^x \cdot b^x=(ab)^x,\frac{a^x}{b^x}=\left(\frac{a}{b}\right)^x$$

3. 规定底数 $a>0,a\neq1$ 的理由是:若 $a<0$,如 $y=(-2)^x$,当 $x=\frac{1}{2}$时,在实数范围内函数值不存在;若 $a=0$,当 $x<0$ 时,$y=a^x$ 无意义;若 $a=1$,$y=1^x=1$ 是一个常量,对它没有研究的必要。

例 3.9　设 $a=\left(\frac{3}{5}\right)^{\frac{3}{5}},b=\left(\frac{3}{5}\right)^{\frac{3}{2}},c=\left(\frac{3}{2}\right)^{\frac{3}{5}}$,试比较 a,b,c 的大小。

解　因 $0<\frac{3}{5}<1$,故 $y=\left(\frac{3}{5}\right)^x$ 在定义域内单调递减,即:$\left(\frac{3}{5}\right)^{\frac{3}{2}}<\left(\frac{3}{5}\right)^{\frac{3}{5}}<\left(\frac{3}{5}\right)^0=1$。

又因$\frac{3}{2}>1$,故 $y=\left(\frac{3}{2}\right)^x$ 在定义域内单调递增,即:$\left(\frac{3}{2}\right)^{\frac{3}{5}}>\left(\frac{3}{2}\right)^0=1$。

所以$\left(\frac{3}{5}\right)^{\frac{3}{2}}<\left(\frac{3}{5}\right)^{\frac{3}{5}}<1<\left(\frac{3}{2}\right)^{\frac{3}{5}}$,即 $b<a<c$。

(三)对数函数 $y=\log_a x(a>0,a\neq1)$

1. 图像与性质

如图 3-8 所示是对数函数与指数函数的图像对比。

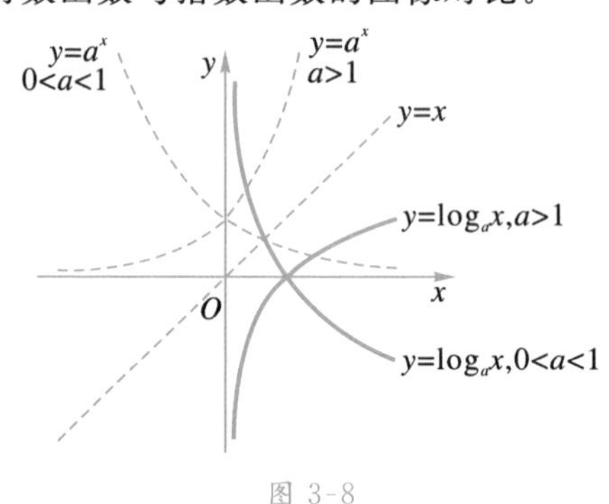

图 3-8

由图 3-8 可知:对数函数与指数函数互为反函数,所以两者图像关于直线$y=x$对称;图像恒经过(1,0)点,定义域为$(0,+\infty)$;图形与 y 轴无限接近,但不相交;当 $0<a<1$ 时,函数图像单调递减,为凹函数;当 $a>1$ 时,函数图像单调递增,为凸函数;$y=\log_a x$ 与 $y=\log_{\frac{1}{a}} x$ 图像关于 x 轴对称。

2. 常用公式

1)$\log_a x+\log_a y=\log_a(xy)$;

2) $\log_a x-\log_a y=\log_a \dfrac{x}{y}$；

3) $\log_a x^n=n\cdot\log_a x$；

4) $\log_a b=\log_c b/\log_c a$；

5) $\log_a b=-\log_{\frac{1}{a}} b$；

6) $\log_a 1=0$；

7) $\log_a a=1$。

例 3.10　设 $f(x)$是定义域为 $\mathbf{R}$ 的偶函数，且在$(0,+\infty)$单调递减。试比较 $f(2^{-\frac{2}{3}})$，$f(2^{-\frac{3}{2}})$，$f\left(\log_3 \dfrac{1}{4}\right)$的大小。

解　因 $f(x)$为 $\mathbf{R}$ 上的偶函数，故 $f\left(\log_3 \dfrac{1}{4}\right)=f(\log_3 4)$。

又因 $0<2^{-\frac{3}{2}}<2^{-\frac{2}{3}}<2^0=1$，$\log_3 4>\log_3 3=1$，且 $f(x)$在$(0,+\infty)$单调递减，

故 $f(2^{-\frac{3}{2}})>f(2^{-\frac{2}{3}})>f\left(\log_3 \dfrac{1}{4}\right)$。

(四)三角函数

三角函数在大学数学中十分重要，因此我们在第四章会详细介绍三角函数的运算公式。在本节，我们只简单介绍三角函数定义、图像和简单性质。

1) 正弦函数 $y=\sin x$

$y=\sin x$ 是以 2π 为周期的周期函数，定义域为$(-\infty,+\infty)$，值域为$[-1,1]$；正弦函数是奇函数，$\sin 0=0$；在一个周期$\left[-\dfrac{\pi}{2},\dfrac{3\pi}{2}\right]$内，在$\left[-\dfrac{\pi}{2},\dfrac{\pi}{2}\right]$上单调递增，在$\left[\dfrac{\pi}{2},\dfrac{3\pi}{2}\right]$上单调递减。其函数的图像如图 3-9 所示。

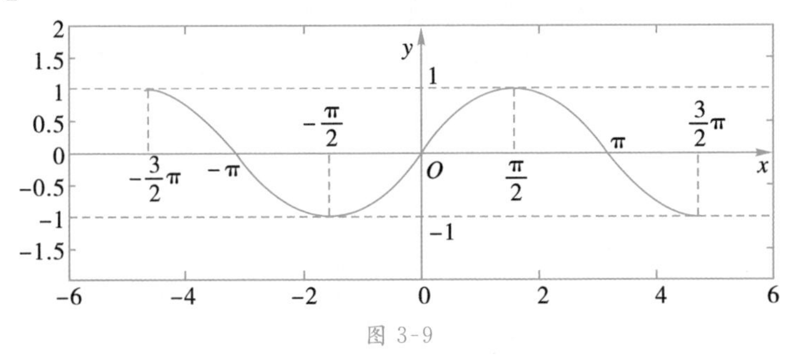

图 3-9

2) 余弦函数 $y=\cos x$

$y=\cos x$ 是以 2π 为周期的周期函数，定义域为$(-\infty,+\infty)$，值域为$[-1,1]$；余弦函数是偶函数；在周期$[-\pi,\pi]$内，在$[-\pi,0]$上单调递增，在$[0,\pi]$上单调递

减。其函数的图像如图 3-10 所示。

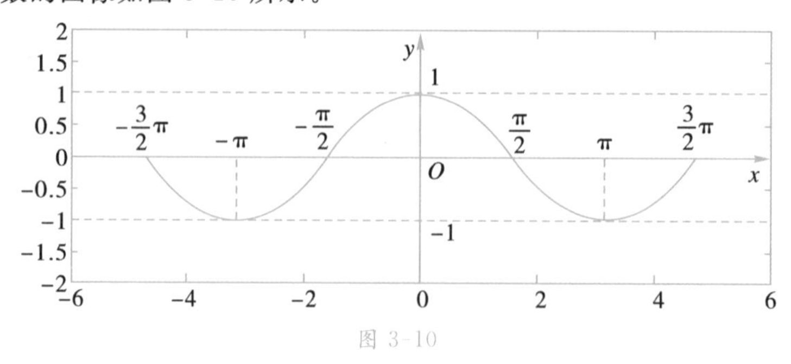

图 3-10

3)正切函数 $y=\tan x$

$y=\tan x$ 是以 π 为周期的周期函数,定义域为$\left(k\pi-\frac{\pi}{2},k\pi+\frac{\pi}{2}\right)(k\in\mathbf{Z})$,值域为$(-\infty,+\infty)$;正切函数是奇函数,$\tan 0=0$,在周期内单调递增。其函数的图像如图 3-11 所示。

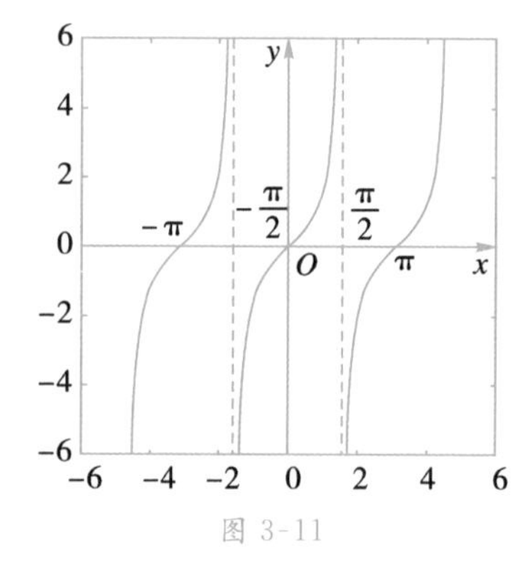

图 3-11

4)余切函数 $y=\cot x$

$y=\cot x$ 是以 π 为周期的周期函数,定义域为$(k\pi,k\pi+\pi)(k\in\mathbf{Z})$,值域为$(-\infty,+\infty)$;余切函数是奇函数,在周期内单调递减。其函数图像如图 3-12 所示。

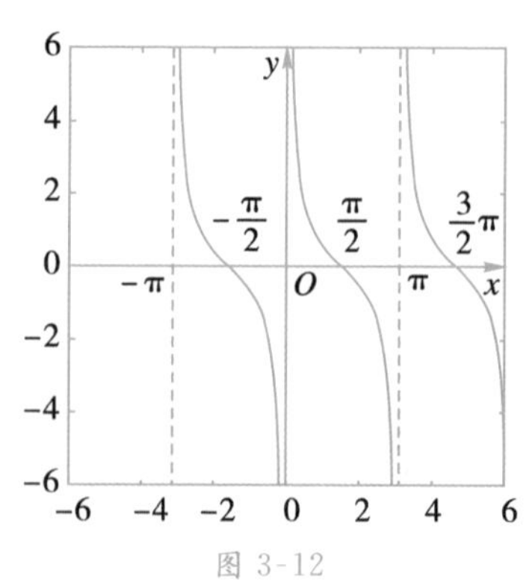

图 3-12

(五)反三角函数

反三角函数大家在高中没有学习过，却是大学数学中非常重要的概念，因此我们在第五章中详细进行介绍。

1. 判断下列说法的对错，并说明理由：

1)零和负数没有对数；

2)任何一个指数式都可以化为对数式；

3)$(\ln x)^k=\ln x^k$；

4)幂函数的图像都经过(0,0)点；

5)$y=-10^x$是指数函数；

6)$y=\sin 2x$ 的图像关于原点对称。

2. 讨论函数 $y=x^{\frac{2}{3}}$ 的定义域、奇偶性，并作出图像，由图像指出函数的单调性。

3. 请在同一平面直角坐标系中画出函数 $y_1=\left(\frac{1}{3}\right)^x$，$y_2=3^x$，$y_3=10^{-x}$，$y_4=10^x$的图像。

4. 设函数 $f(x)=\ln(1+x)-\ln(1-x)$，请判断函数的奇偶性，并求出单调区间。

5. 已知函数 $f(x)$是定义在 $\mathbf{R}$ 上的周期为 2 的奇函数，当 $0<x<1$ 时，$f(x)=4^x$，求 $f\left(-\frac{5}{2}\right)+f(1)$的值。

6. 已知函数 $f(x)=\frac{1}{5}(x^{\frac{1}{3}}-x^{-\frac{1}{3}})$，求证 $f(x)$在$(0,+\infty)$上是增函数。

7. 对于正整数 $a,b,c(a\leqslant b\leqslant c)$和非零实数 x,y,z,w，若 $a^x=b^y=c^z=70^w\neq 1$，$\frac{1}{w}=\frac{1}{x}+\frac{1}{y}+\frac{1}{z}$，求 a,b,c 的值。

8. 当 $x\in\left(0,\frac{\pi}{2}\right)$时，求证：$\sin x<x<\tan x$。

9. 根据函数与反函数图形关于直线 $y=x$ 对称这一特性，尝试画出反三角函数的图形。

10. 判断函数 $y=\cos(\sin x)$的奇偶性。

第四章 三角公式

三角函数是一类刻画周期性变化规律的函数，在大学数学的学习中占据着重要的地位。跟高中相比，大学里常用的三角函数有 6 个，因而大学数学关于三角函数的内容更加丰富，而且这 6 个三角函数之间又有着密切的联系，即它们之间存在着许多重要的三角公式(或叫三角恒等式)，这些公式在高等数学课程的学习中是很重要的，不使用这些公式，有些问题将变得非常困难或者无法解决。本章主要介绍一些大学里要用到的三角公式。

4.1 和(差)角公式

第三章中已经给出了这 6 个三角函数：

正弦函数 $y=\sin x$

余弦函数 $y=\cos x$

正切函数 $y=\tan x=\dfrac{\sin x}{\cos x}$

余切函数 $y=\cot x=\dfrac{\cos x}{\sin x}=\dfrac{1}{\tan x}$

正割函数 $y=\sec x=\dfrac{1}{\cos x}$

余割函数 $y=\csc x=\dfrac{1}{\sin x}$

首先利用正弦函数和余弦函数的定义以及勾股定理马上可得以下的最基本的三角恒等式：

$$\sin^2 x+\cos^2 x=1$$

利用正切函数、余切函数、正割函数、余割函数的定义以及上面的三角恒等式立马可得以下常用的基本的三角恒等式：

$$\sec^2 x=1+\tan^2 x$$

$$\csc^2 x = 1 + \cot^2 x$$

为了能够更好地理解其他三角恒等式的来龙去脉，更容易记住这些公式，我们首先利用欧拉公式推导最重要的三角公式——**和角公式**：

$$\sin(\alpha+\beta)=\sin\alpha\cos\beta+\cos\alpha\sin\beta,$$
$$\cos(\alpha+\beta)=\cos\alpha\cos\beta-\sin\alpha\sin\beta。$$

通过这个公式可以推导出很多其他的重要三角公式。

下面给出和角公式的证明。

证　利用欧拉公式（$e^{ix}=(\cos x+i\sin x)$）和指数函数的性质可得：

$\cos(\alpha+\beta)+i\sin(\alpha+\beta)=e^{i(\alpha+\beta)}=e^{i\alpha}\cdot e^{i\beta}=(\cos\alpha+i\sin\alpha)(\cos\beta+i\sin\beta)$

$=(\cos\alpha\cos\beta-\sin\alpha\sin\beta)+i(\sin\alpha\cos\beta+\cos\alpha\sin\beta)$，

因而，由复数相等可得：

$$\sin(\alpha+\beta)=\sin\alpha\cos\beta+\cos\alpha\sin\beta,$$
$$\cos(\alpha+\beta)=\cos\alpha\cos\beta-\sin\alpha\sin\beta。$$

和角公式得证。

有了和角公式，利用正弦函数与余弦函数的奇偶性，立马可得以下**差角公式**：

$$\sin(\alpha-\beta)=\sin\alpha\cos\beta-\cos\alpha\sin\beta,$$
$$\cos(\alpha-\beta)=\cos\alpha\cos\beta+\sin\alpha\sin\beta。$$

再利用正切函数的定义，可得如下**两角和的正切公式**：

$$\tan(\alpha+\beta)=\frac{\tan\alpha+\tan\beta}{1-\tan\alpha\tan\beta}$$

证

$$\tan(\alpha+\beta)=\frac{\sin(\alpha+\beta)}{\cos(\alpha+\beta)}=\frac{\sin\alpha\cos\beta+\cos\alpha\sin\beta}{\cos\alpha\cos\beta-\sin\alpha\sin\beta}$$
$$=\frac{\dfrac{\sin\alpha\cos\beta+\cos\alpha\sin\beta}{\cos\alpha\cos\beta}}{\dfrac{\cos\alpha\cos\beta-\sin\alpha\sin\beta}{\cos\alpha\cos\beta}}$$
$$=\frac{\tan\alpha+\tan\beta}{1-\tan\alpha\tan\beta}。$$

利用正切函数是奇函数的性质容易得到以下**两角差的正切公式**：

$$\tan(\alpha-\beta)=\frac{\tan\alpha-\tan\beta}{1+\tan\alpha\tan\beta}$$

利用两角和（差）的正切公式可得以下公式：

$$\tan\alpha+\tan\beta=\tan(\alpha+\beta)(1-\tan\alpha\tan\beta)$$
$$\tan\alpha-\tan\beta=\tan(\alpha-\beta)(1+\tan\alpha\tan\beta)$$

例 4.1 求 tan 15°。

解 $\tan15^\circ=\tan(45^\circ-30^\circ)=\dfrac{\tan45^\circ-\tan30^\circ}{1+\tan45^\circ\tan30^\circ}=\dfrac{1-\frac{\sqrt{3}}{3}}{1+\frac{\sqrt{3}}{3}}=2-\sqrt{3}$。

习题

1. 证明：$\csc^2 x=1+\cot^2 x(x\neq k\pi,k\in\mathbf{Z})$。

2. 证明：$\sqrt{1+\sin2x}=\sin x+\cos x\left(x\in\left(0,\frac{\pi}{2}\right)\right)$。

3. 证明：$\csc\left(\frac{3\pi}{2}-x\right)=-\sec x\left(x\neq k\pi+\frac{\pi}{2},k\in\mathbf{Z}\right)$。

4. 证明：$\tan x=\dfrac{2\tan\frac{x}{2}}{1-\tan^2\frac{x}{2}}\left(x\neq k\pi+\frac{\pi}{2},k\in\mathbf{Z}\right)$。

5. 证明：$\sin A+\sin B=2\sin\frac{A+B}{2}\cos\frac{A-B}{2}$，

$$\sin A-\sin B=2\cos\frac{A+B}{2}\sin\frac{A-B}{2}。$$

6. 计算 $\sin15^\circ,\cos105^\circ$。

7. 已知：$\sin A+\sin B=\frac{3}{2},\cos A+\cos B=\frac{\sqrt{5}}{2}$，求 $\cos(A-B)$。

8. 在任意△ABC 中，角 A,B,C 所对应的边长分别为 a,b,c，证明：

$$\frac{a-b}{a+b}=\frac{\tan\frac{A-B}{2}}{\tan\frac{A+B}{2}}。$$

9. 利用两角和的正切公式判断 $\tan1^\circ$ 是不是有理数？

4.2 常用三角公式 I

建立了和(差)角公式以后，可以推导出一系列常用的三角公式。下面我们推导部分诱导公式：

(1) $\sin\left(\frac{\pi}{2}-\alpha\right)=\cos\alpha$；　　(2) $\cos\left(\frac{\pi}{2}+\alpha\right)=-\sin\alpha$；

(3) $\cos(\pi+\alpha)=-\cos\alpha$；　　(4) $\cos(2\pi-\alpha)=\cos\alpha$；

(5) $\cot\left(\frac{3\pi}{2}-\alpha\right)=\tan\alpha$。

证　(1) $\sin\left(\frac{\pi}{2}-\alpha\right)=\sin\left(\frac{\pi}{2}\right)\cos\alpha-\cos\left(\frac{\pi}{2}\right)\sin\alpha=\cos\alpha$。

(2) $\cos\left(\frac{\pi}{2}+\alpha\right)=\cos\left(\frac{\pi}{2}\right)\cos\alpha-\sin\left(\frac{\pi}{2}\right)\sin\alpha=-\sin\alpha$。

(3) $\cos(\pi+\alpha)=\cos(\pi)\cos\alpha-\sin(\pi)\sin\alpha=-\cos\alpha$。

(4) $\cos(2\pi-\alpha)=\cos(2\pi)\cos\alpha+\sin(2\pi)\sin\alpha=\cos\alpha$

(5) $\cot\left(\frac{3\pi}{2}-\alpha\right)=\frac{\cos(\frac{3\pi}{2}-\alpha)}{\sin(\frac{3\pi}{2}-\alpha)}=\frac{\cos\frac{3\pi}{2}\cos\alpha+\sin\frac{3\pi}{2}\sin\alpha}{\sin\frac{3\pi}{2}\cos\alpha-\cos\frac{3\pi}{2}\sin\alpha}=\frac{-\sin\alpha}{-\cos\alpha}=\tan\alpha$。

其他的诱导公式也可类似推导得到。

例 4.2　设 A,B,C 为非直角三角形的三个角，证明：

$$\tan A+\tan B+\tan C=\tan A\cdot\tan B\cdot\tan C。$$

证　
$$\begin{aligned}\tan A+\tan B&=\tan(A+B)(1-\tan A\tan B)\\&=\tan(\pi-C)(1-\tan A\tan B)\\&=-\tan C(1-\tan A\tan B)\\&=-\tan C+\tan A\tan B\tan C,\end{aligned}$$

因而：$\tan A+\tan B+\tan C=\tan A\tan B\tan C$。

下面推导其他一些三角公式。

1. 倍角公式

1) 二倍角公式

(1) $\sin2\alpha=2\sin\alpha\cos\alpha$；

(2) $\cos2\alpha=\cos^2\alpha-\sin^2\alpha=1-2\sin^2\alpha=2\cos^2\alpha-1$；

(3) $\tan2\alpha=\frac{2\tan\alpha}{1-\tan^2\alpha}$。

证　(1) $\sin2\alpha=\sin(\alpha+\alpha)=\sin\alpha\cos\alpha+\cos\alpha\sin\alpha=2\sin\alpha\cos\alpha$。

(2) $\cos2\alpha=\cos(\alpha+\alpha)=\cos^2\alpha-\sin^2\alpha=1-2\sin^2\alpha=2\cos^2\alpha-1$。

(3) $\tan2\alpha=\frac{\sin2\alpha}{\cos2\alpha}=\frac{2\sin\alpha\cos\alpha}{\cos^2\alpha-\sin^2\alpha}=\frac{\frac{2\sin\alpha\cos\alpha}{\cos^2\alpha}}{\frac{\cos^2\alpha-\sin^2\alpha}{\cos^2\alpha}}=\frac{2\tan\alpha}{1-\tan^2\alpha}$。

2)三倍角公式

(1)$\sin 3\alpha=3\sin\alpha-4\sin^3\alpha$;

(2)$\cos 3\alpha=4\cos^3\alpha-3\cos\alpha$。

证 (1)
$$\begin{aligned}\sin 3\alpha &=\sin(2\alpha+\alpha)\\ &=\sin 2\alpha\cos\alpha+\cos 2\alpha\sin\alpha\\ &=2\sin\alpha\cos^2\alpha+\cos^2\alpha\sin\alpha-\sin^3\alpha\\ &=3\sin\alpha(1-\sin^2\alpha)-\sin^3\alpha\\ &=3\sin\alpha-4\sin^3\alpha\ ;\end{aligned}$$

(2)
$$\begin{aligned}\cos 3\alpha &=\cos(2\alpha+\alpha)\\ &=\cos 2\alpha\cos\alpha-\sin 2\alpha\sin\alpha\\ &=\cos^3\alpha-\cos\alpha(1-\cos^2\alpha)-2\sin^2\alpha\cos\alpha\\ &=\cos^3\alpha-3(1-\cos^2\alpha)\cos\alpha\\ &=4\cos^3\alpha-3\cos\alpha。\end{aligned}$$

例 4.3 证明:$\tan 3\alpha=\dfrac{3\tan\alpha-\tan^3\alpha}{1-3\tan^2\alpha}$。

证
$$\begin{aligned}\tan 3\alpha &=\tan(2\alpha+\alpha)\\ &=\frac{\tan 2\alpha+\tan\alpha}{1-\tan 2\alpha\tan\alpha}\\ &=\frac{\dfrac{2\tan\alpha}{1-\tan^2\alpha}+\tan\alpha}{1-\dfrac{2\tan\alpha}{1-\tan^2\alpha}\tan\alpha}\\ &=\frac{3\tan\alpha-\tan^3\alpha}{1-3\tan^2\alpha}。\end{aligned}$$

2. 半角公式

由倍角公式可得:

$$\sin^2\frac{\alpha}{2}=\frac{1-\cos\alpha}{2};$$

$$\cos^2\frac{\alpha}{2}=\frac{1+\cos\alpha}{2}。$$

由此可得:

$$\tan\frac{\alpha}{2}=\frac{1-\cos\alpha}{\sin\alpha}=\frac{\sin\alpha}{1+\cos\alpha}。$$

证 $\tan\dfrac{\alpha}{2}=\dfrac{\sin\dfrac{\alpha}{2}}{\cos\dfrac{\alpha}{2}}=\dfrac{\sin^2\dfrac{\alpha}{2}}{\cos\dfrac{\alpha}{2}\sin\dfrac{\alpha}{2}}=\dfrac{\dfrac{1-\cos\alpha}{2}}{\dfrac{1}{2}\sin\alpha}=\dfrac{1-\cos\alpha}{\sin\alpha}=\dfrac{\sin\alpha}{1+\cos\alpha}$。

3. 和差化积公式

$$\sin\alpha+\sin\beta=2\sin\frac{\alpha+\beta}{2}\cos\frac{\alpha-\beta}{2}$$

证　$\sin\alpha+\sin\beta=\sin\left(\frac{\alpha+\beta}{2}+\frac{\alpha-\beta}{2}\right)+\sin\left(\frac{\alpha+\beta}{2}-\frac{\alpha-\beta}{2}\right)$

$=\sin\frac{\alpha+\beta}{2}\cos\frac{\alpha-\beta}{2}+\cos\frac{\alpha+\beta}{2}\sin\frac{\alpha-\beta}{2}+\sin\frac{\alpha+\beta}{2}\cos\frac{\alpha-\beta}{2}-\cos\frac{\alpha+\beta}{2}\sin\frac{\alpha-\beta}{2}$

$=2\sin\frac{\alpha+\beta}{2}\cos\frac{\alpha-\beta}{2}$ 。

同理可得：

$$\sin\alpha-\sin\beta=2\cos\frac{\alpha+\beta}{2}\sin\frac{\alpha-\beta}{2};$$

$$\cos\alpha+\cos\beta=2\cos\frac{\alpha+\beta}{2}\cos\frac{\alpha-\beta}{2};$$

$$\cos\alpha-\cos\beta=-2\sin\frac{\alpha+\beta}{2}\sin\frac{\alpha-\beta}{2}。$$

4. 积化和差公式

由和差化积公式立马可得：

$$\sin\alpha\sin\beta=-\frac{1}{2}[\cos(\alpha+\beta)-\cos(\alpha-\beta)];$$

$$\cos\alpha\cos\beta=\frac{1}{2}[\cos(\alpha+\beta)+\cos(\alpha-\beta)];$$

$$\sin\alpha\cos\beta=\frac{1}{2}[\sin(\alpha+\beta)+\sin(\alpha-\beta)]。$$

例 4.4　证明：$(\sin\alpha+\sin\beta)\cdot(\sin\alpha-\sin\beta)=\sin(\alpha+\beta)\cdot\sin(\alpha-\beta)$。

证　由和差化积公式和二倍角公式可得：

左边 $=2\sin\left(\frac{\alpha+\beta}{2}\right)\cos\left(\frac{\alpha-\beta}{2}\right)\cdot2\cos\left(\frac{\alpha+\beta}{2}\right)\sin\left(\frac{\alpha-\beta}{2}\right)$

$=\sin(\alpha+\beta)\sin(\alpha-\beta)$。

例 4.5　证明：$\sin3\alpha=4\sin\alpha\sin\left(\frac{\pi}{3}+\alpha\right)\sin\left(\frac{\pi}{3}-\alpha\right)$。

证　$\sin3\alpha=3\sin\alpha-4\sin^3\alpha=\sin\alpha(3-4\sin^2\alpha)$

$=\sin\alpha(\sqrt{3}+2\sin\alpha)(\sqrt{3}-2\sin\alpha)$

$=4\sin\alpha\left(\frac{\sqrt{3}}{2}+\sin\alpha\right)\left(\frac{\sqrt{3}}{2}-\sin\alpha\right)$

$$=4\sin\alpha(\sin\frac{\pi}{3}+\sin\alpha)(\sin\frac{\pi}{3}-\sin\alpha)$$

$$=4\sin\alpha\sin(\frac{\pi}{3}+\alpha)\sin(\frac{\pi}{3}-\alpha)。$$

本题也可以从等式右边利用积化和差公式证明。

例 4.6　证明：$\cos x+\cos 2x+\cdots+\cos nx=\dfrac{\sin\frac{nx}{2}\cos\frac{n+1}{2}x}{\sin\frac{x}{2}}, n\in\mathbf{N}^+, x\in(0,\pi)$

证　$\cos x+\cos 2x+\cdots+\cos nx=\dfrac{\sin\frac{x}{2}(\cos x+\cos 2x+\cdots+\cos nx)}{\sin\frac{x}{2}}$

$$=\frac{\left(\sin\frac{3x}{2}-\sin\frac{x}{2}\right)+\left(\sin\frac{5x}{2}-\sin\frac{3x}{2}\right)+\cdots+\left(\sin\frac{(2n+1)x}{2}-\sin\frac{(2n-1)x}{2}\right)}{2\sin\frac{x}{2}}$$

$$=\frac{\sin\frac{(2n+1)x}{2}-\sin\frac{x}{2}}{2\sin\frac{x}{2}}$$

$$=\frac{\sin\frac{nx}{2}\cos\frac{n+1}{2}x}{\sin\frac{x}{2}}。$$

习　题

1. 若 $\sin(x+50°)+\cos(x+20°)=\sqrt{3}$，且 $0°\leqslant x<360°$，求 x 的值。

2. 证明：$\cos 3\alpha=4\cos\alpha\cos\left(\frac{\pi}{3}+\alpha\right)\cos\left(\frac{\pi}{3}-\alpha\right)$。

3. 证明：$\cos 4\alpha=8\cos^4\alpha-8\cos^2\alpha+1$。

4. 利用三倍角公式推导出 $\sin 18°$的值。

5. 证明：$\cos\alpha\cdot\cos 2\alpha\cdot\cos 4\alpha\cdots\cos 2^n\alpha=\dfrac{\sin 2^{n+1}\alpha}{2^{n+1}\sin\alpha}$（其中 $\alpha\neq k\pi, k\in\mathbf{Z}$）。

6. 在$\triangle ABC$ 中，证明：

$$\tan\frac{A}{2}\tan\frac{B}{2}+\tan\frac{B}{2}\tan\frac{C}{2}+\tan\frac{C}{2}\tan\frac{A}{2}=1。$$

7. 在$\triangle ABC$中，证明：$\sin A+\sin B+\sin C=4\cos\frac{A}{2}\cos\frac{B}{2}\cos\frac{C}{2}$。

8. 在$\triangle ABC$中，证明：

(1)$\sin\frac{A}{2}\sin\frac{B}{2}\leqslant\frac{1}{2}\left(1-\sin\frac{C}{2}\right)$；

(2)$\sin\frac{A}{2}\sin\frac{B}{2}\sin\frac{C}{2}\leqslant\frac{1}{2}$。

4.3　常用三角公式Ⅱ

1. 万能公式

(1)$\sin\alpha=\dfrac{2\tan\frac{\alpha}{2}}{1+\tan^2\frac{\alpha}{2}}$

证　$\sin\alpha=2\sin\frac{\alpha}{2}\cos\frac{\alpha}{2}=\dfrac{\dfrac{2\sin\frac{\alpha}{2}\cos\frac{\alpha}{2}}{\cos^2\frac{\alpha}{2}}}{\dfrac{1}{\cos^2\frac{\alpha}{2}}}=\dfrac{2\tan\frac{\alpha}{2}}{\sec^2\frac{\alpha}{2}}=\dfrac{2\tan\frac{\alpha}{2}}{1+\tan^2\frac{\alpha}{2}}$。

(2)$\cos\alpha=\dfrac{1-\tan^2\frac{\alpha}{2}}{1+\tan^2\frac{\alpha}{2}}$

证　方法一：

$$\cos\alpha=\cos^2\frac{\alpha}{2}-\sin^2\frac{\alpha}{2}=\frac{\cos^2\frac{\alpha}{2}-\sin^2\frac{\alpha}{2}}{\cos^2\frac{\alpha}{2}+\sin^2\frac{\alpha}{2}}=\frac{\dfrac{\cos^2\frac{\alpha}{2}-\sin^2\frac{\alpha}{2}}{\cos^2\frac{\alpha}{2}}}{\dfrac{\cos^2\frac{\alpha}{2}+\sin^2\frac{\alpha}{2}}{\cos^2\frac{\alpha}{2}}}=\frac{1-\tan^2\frac{\alpha}{2}}{1+\tan^2\frac{\alpha}{2}}$$

方法二：

$$\cos\alpha=\sin\left(\frac{\pi}{2}-\alpha\right)=\frac{2\tan(\frac{\pi}{4}-\frac{\alpha}{2})}{1+\tan^2(\frac{\pi}{4}-\frac{\alpha}{2})}=\frac{2\,\dfrac{1-\tan\frac{\alpha}{2}}{1+\tan\frac{\alpha}{2}}}{1+\left(\dfrac{1-\tan\frac{\alpha}{2}}{1+\tan\frac{\alpha}{2}}\right)^2}=\frac{1-\tan^2\frac{\alpha}{2}}{1+\tan^2\frac{\alpha}{2}}$$

(3) $\tan\alpha=\tan\left(\frac{\alpha}{2}+\frac{\alpha}{2}\right)=\dfrac{2\tan\frac{\alpha}{2}}{1-\tan^2\frac{\alpha}{2}}$

2. 辅助角公式

1) $a\sin x+b\cos x=\sqrt{a^2+b^2}\sin(x+\varphi)$，其中 $a\neq0$，φ 满足：$\tan\varphi=\dfrac{b}{a}$。

证
$$\begin{aligned}a\sin x+b\cos x&=\sqrt{a^2+b^2}\left(\frac{a}{\sqrt{a^2+b^2}}\sin x+\frac{b}{\sqrt{a^2+b^2}}\cos x\right)\\&=\sqrt{a^2+b^2}(\cos\varphi\sin x+\sin\varphi\cos x)\\&=\sqrt{a^2+b^2}\sin(x+\varphi)\end{aligned}$$

其中 $a\neq0$，φ 满足：$\tan\varphi=\dfrac{b}{a}$。

2) $a\sin x+b\cos x=\sqrt{a^2+b^2}\cos(x-\varphi)$，其中 $b\neq0$，φ 满足：$\tan\varphi=\dfrac{a}{b}$。

证
$$\begin{aligned}a\sin x+b\cos x&=\sqrt{a^2+b^2}\left(\frac{a}{\sqrt{a^2+b^2}}\sin x+\frac{b}{\sqrt{a^2+b^2}}\cos x\right)\\&=\sqrt{a^2+b^2}(\sin\varphi\sin x+\cos\varphi\cos x)\\&=\sqrt{a^2+b^2}\cos(x-\varphi)\end{aligned}$$

其中 $b\neq0$，$\varphi\in\left(-\frac{\pi}{2},\frac{\pi}{2}\right)$且满足：$\tan\varphi=\dfrac{a}{b}$。

例 4.7 证明：$\ln(1+\tan x)=\frac{1}{2}\ln2-\ln\cos x+\ln\cos\left(x-\frac{\pi}{4}\right)$，$x\in\left(-\frac{\pi}{4},\frac{\pi}{4}\right)$。

证
$$\begin{aligned}\ln(1+\tan x)&=\ln\left(\frac{\sin x+\cos x}{\cos x}\right)\\&=\ln(\sin x+\cos x)-\ln\cos x\\&=\ln\left(\sqrt{2}\cos\left(x-\frac{\pi}{4}\right)\right)-\ln\cos x\\&=\frac{1}{2}\ln2-\ln\cos x+\ln\cos\left(x-\frac{\pi}{4}\right)。\end{aligned}$$

习　题

1. 证明：$\sin\left(\frac{5}{2}\pi-2\alpha\right)=\frac{1-\tan^2\alpha}{1+\tan^2\alpha}$，其中 $\alpha\in\left(0,\frac{\pi}{2}\right)$。

2. 已知$\frac{\tan\alpha}{\tan\left(\alpha+\frac{\pi}{4}\right)}=-\frac{2}{3}$，求 $\sin\left(2\alpha+\frac{\pi}{4}\right)$的值。

3. 已知 $2\cos^2x+\sin2x=A\sin(2x+\varphi)+b(A>0)$，求 A 和 b。

4. 求 $y=12\sin\left(2x+\frac{\pi}{6}\right)+5\sin\left(\frac{\pi}{3}-2x\right)$的最大值。

5. 设 $x\in[0,1]$，证明：$\arcsin(\cos x)>\cos(\arcsin x)$。

6. 证明：$\cos(\sin x)>\sin(\cos x)$。

7. 已知锐角 α,β 满足 $\tan(\alpha-\beta)=\sin2\beta$，求证：$2\tan2\beta=\tan\alpha+\tan\beta$。

第五章 反三角函数

反三角函数是大学阶段数学课程中的主要研究对象之一，涉及反三角函数求导数、求积分等基础运算问题。由于大部分学生在高中阶段并没有深入学习反三角函数的相关知识内容，且大学课堂内也不会系统地介绍反三角函数的基本知识，给大一新生在学习高等数学等课程过程中带来一定程度的挑战。因此，反三角函数这一知识体系是高中数学和大学数学衔接过程中，需要补充学习的重点内容之一。

5.1 反三角函数的基本概念

所谓反三角函数是指三角函数的反函数，如正弦函数、余弦函数、正切函数、余切函数、正割函数、余割函数的反函数。本章节将重点介绍前四种经典三角函数(正弦函数、余弦函数、正切函数、余切函数)的反三角函数及其相关性质。

在第三章已经介绍过反函数的基本概念。对于函数 $y=f(x)$，若能找到一个函数 $g(y)$ 使得每一处 $g(y)$ 都等于 x，则称函数 $x=g(y)$ 为函数 $y=f(x)$ 的反函数，记作 $y=f^{-1}(x)$。反函数的定义域、值域分别是原来函数值域、定义域。

(一)反正弦函数

正弦函数是最小正周期为 2π 的周期函数，如图 5-1 所示。函数的单调增区间为 $\left[-\frac{\pi}{2}+2k\pi,\frac{\pi}{2}+2k\pi\right](k\in\mathbf{Z})$，单调减区间为 $\left[\frac{\pi}{2}+2k\pi,\frac{3\pi}{2}+2k\pi\right](k\in\mathbf{Z})$。在每一个单调区间内，正弦函数都存在反函数。

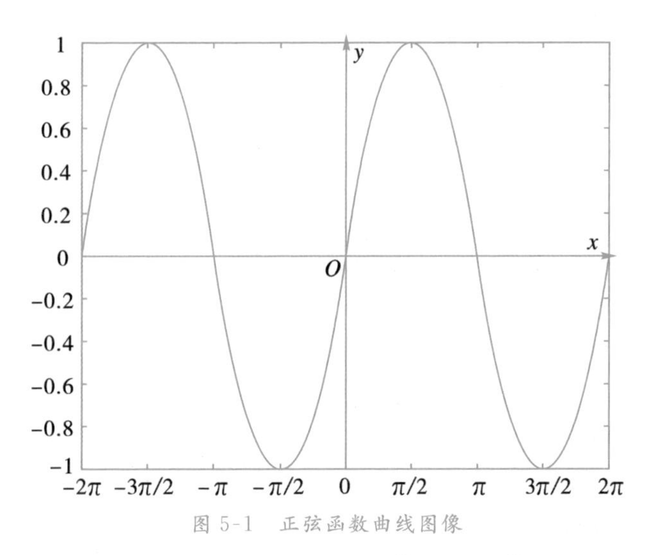

图 5-1　正弦函数曲线图像

定义 5.1　正弦函数 $y=\sin x$ 在单调区间 $\left[-\frac{\pi}{2},\frac{\pi}{2}\right]$ 的反函数称为反正弦函数，记作 $y=\arcsin(x)$，$x\in[-1,1]$，如图 5-2 所示。

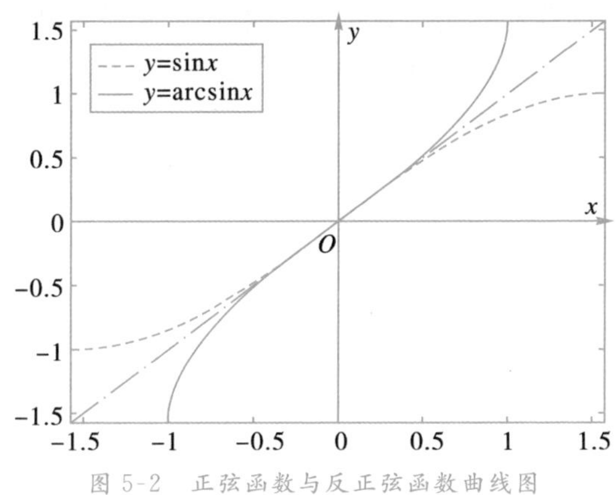

图 5-2　正弦函数与反正弦函数曲线图

观察图 5-2，不难发现反正弦函数具有下述基本性质：

1. 反正弦函数定义域为 $[-1,1]$，值域为 $\left[-\frac{\pi}{2},\frac{\pi}{2}\right]$；

2. 反正弦函数在定义域内单调递增，即因变量 y 随着自变量 x 增长而增长；

3. 反正弦函数是奇函数，即函数图像关于原点对称。

思考：如何确定函数 $y=\sin x$，$x\in\left[-\frac{3\pi}{2},-\frac{\pi}{2}\right]$ 的反函数。

(二)反余弦函数

余弦函数是最小正周期为 2π 的周期函数，如图 5-3 所示。函数的单调减区间为$[2k\pi,(2k+1)\pi](k\in\mathbf{Z})$，单调增区间为$[(2k-1)\pi,2k\pi](k\in\mathbf{Z})$。在每一个单调区间内，余弦函数都存在反函数。

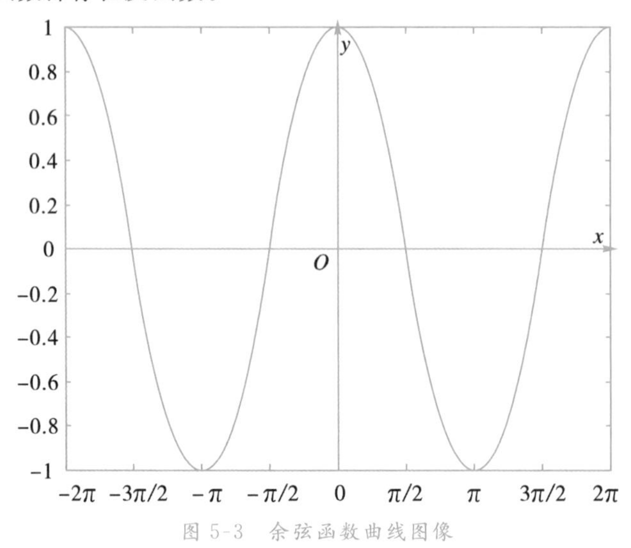

图 5-3　余弦函数曲线图像

定义 5.2　余弦函数 $y=\cos x$ 在单调区间$[0,\pi]$的反函数称为反余弦函数，记作 $y=\arccos(x)$，$x\in[-1,1]$，如图 5-4 所示。

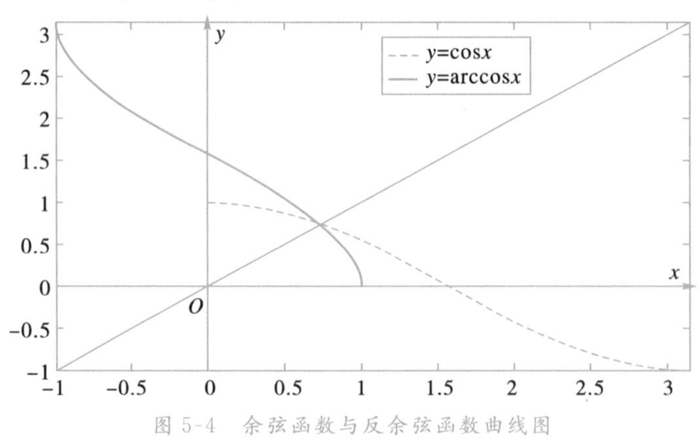

图 5-4　余弦函数与反余弦函数曲线图

观察图 5-4，发现反余弦函数具有下述基本性质：

1. 反余弦函数定义域为$[-1,1]$，值域为$[0,\pi]$；
2. 反余弦函数在定义域内单调递减，即因变量 y 随着自变量 x 增长而减少；
3. $\arccos(-x)=\pi-\arccos x$，$x\in[-1,1]$。

例 5.1　求函数 $y=\arcsin(x^2+x)$的单调递减区间。

解　由反正弦函数的定义域可得：

$$-1\leqslant x^2+x=\left(x+\frac{1}{2}\right)^2-\frac{1}{4}\leqslant 1$$

求解上述不等式可得：

$$-\frac{1+\sqrt{5}}{2}\leqslant x\leqslant\frac{\sqrt{5}-1}{2}$$

令 $\varphi(x)=x^2+x$，则 $\varphi(x)$ 的单调递减区间为 $\left(-\infty,-\frac{1}{2}\right]$。

因此，函数的单调递减区间为：

$$\left[-\frac{1+\sqrt{5}}{2},\frac{\sqrt{5}-1}{2}\right]\cap\left(-\infty,-\frac{1}{2}\right]=\left[-\frac{1+\sqrt{5}}{2},-\frac{1}{2}\right]$$

在高等数学课程中，大家将进一步学习如何应用导数的相关知识确定函数单调区间。

(三)反正切函数

正切函数是最小正周期为 π 的周期函数，如图 5-5 所示。正切函数的单调增区间为 $\left(-\frac{\pi}{2}+k\pi,\frac{\pi}{2}+k\pi\right)(k\in\mathbf{Z})$。在每一个单调区间内，正切函数都存在反函数。

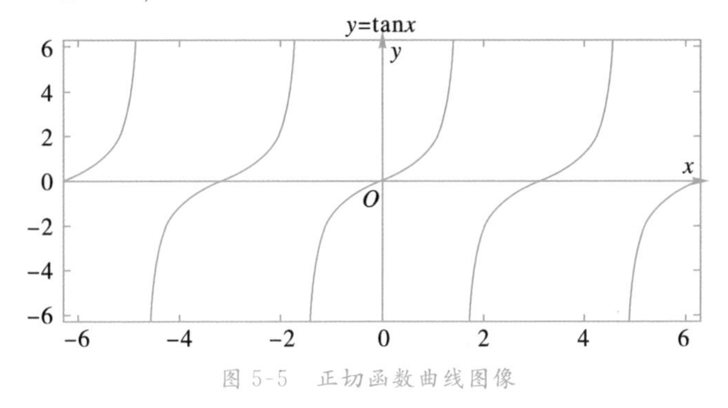

图 5-5　正切函数曲线图像

定义 5.3　正切函数 $y=\tan(x)$ 在单调区间 $\left(-\frac{\pi}{2},\frac{\pi}{2}\right)$ 的反函数称为反正切函数，记作 $y=\arctan(x)$，$x\in(-\infty,+\infty)$，如图 5-6 所示。

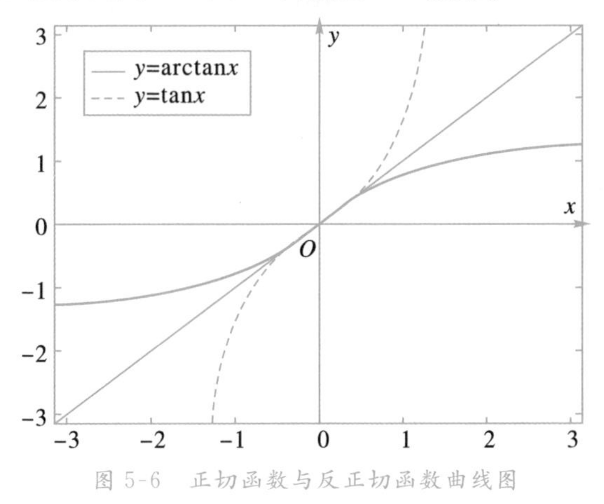

图 5-6　正切函数与反正切函数曲线图

观察图 5-6，发现反正切函数具有下述基本性质：

1. 反正切函数 $y=\arctan x$ 的定义域为 $\mathbf{R}$，值域为 $\left(-\frac{\pi}{2},\frac{\pi}{2}\right)$；

2. 反正切函数在定义域内单调递增，即因变量 y 随着自变量 x 增长而增长；

3. 反正切函数是奇函数，即函数图像关于原点对称；

4. 直线 $y=-\frac{\pi}{2}$ 与 $y=\frac{\pi}{2}$ 为反正切函数的水平渐近线；直线 $x=-\frac{\pi}{2}$ 与 $x=\frac{\pi}{2}$ 为正切函数的垂直渐近线。

(四)反余切函数

余切函数是最小正周期为 π 的周期函数，如图 5-7 所示。由于余切函数的单调区间为 $(k\pi,(k+1)\pi)(k\in\mathbf{Z})$。在每个这样的单调区间上余切函数都存在反函数。

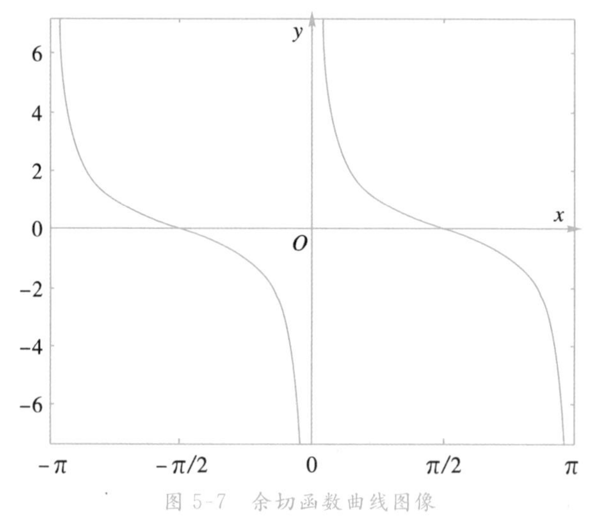

图 5-7 余切函数曲线图像

定义 5.4 余切函数 $y=\cot(x)$ 在单调区间 $(0,\pi)$ 的反函数称为反余切函数，记作 $y=\mathrm{arccot}(x)$，$x\in(-\infty,+\infty)$，如图 5-8 所示。

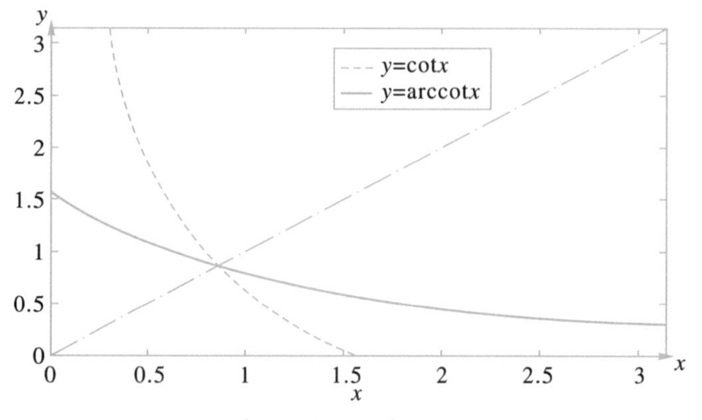

图 5-8 余切函数与反余切函数曲线图

观察图 5-8，发现反余切函数具有下述基本性质：

1. 反余切函数 $y=\operatorname{arccot}x$ 的定义域为 $\mathbf{R}$，值域为 $(0,\pi)$；

2. $y=\operatorname{arccot}x$ 在定义域内单调递减，即因变量 y 随着自变量 x 增长而减少；

3. $\operatorname{arccot}(-x)=\pi-\operatorname{arccot}x(x\in\mathbf{R})$；

4. 在反函数定义域内，直线 $y=0$ 与 $y=\pi$ 为反余切函数的水平渐近线；直线 $x=0$ 与 $x=\pi$ 为余切函数的垂直渐近线。

例 5.2　求常数 c，使得函数 $f(x)=\arctan\dfrac{2-2x}{1+4x}+c$ 在区间 $\left(-\dfrac{1}{4},\dfrac{1}{4}\right)$ 为奇函数。

解　首先，若使得 $f(x)$ 为奇函数，则有 $f(0)=0$，即：

$$0=\arctan 2+c\Rightarrow c=-\arctan 2$$

然后，验证 $f(x)=\arctan\dfrac{2-2x}{1+4x}-\arctan 2$ 为奇函数，即满足 $f(-x)=-f(x)$，也就是：

$$\arctan\frac{2+2x}{1-4x}-\arctan 2=-\arctan\frac{2-2x}{1+4x}+\arctan 2$$

由于 $x\in(-\dfrac{1}{4},\dfrac{1}{4})$，则 $\dfrac{2+2x}{1-4x}>0,\dfrac{2-2x}{1+4x}>0$。

令 $\theta_1=\arctan\dfrac{2+2x}{1-4x}\in\left(0,\dfrac{\pi}{2}\right)$，$\theta_2=\arctan\dfrac{2-2x}{1+4x}\in\left(0,\dfrac{\pi}{2}\right)$，$\theta_1+\theta_2\in(0,\pi)$。

应用和角正切公式，则有：

$$\tan(\theta_1+\theta_2)=\frac{\tan(\theta_1)+\tan(\theta_2)}{1-\tan(\theta_1)\tan(\theta_2)}=\frac{\dfrac{2+2x}{1-4x}+\dfrac{2-2x}{1+4x}}{1-\dfrac{2+2x}{1-4x}\times\dfrac{2-2x}{1+4x}}=\frac{4+16x^2}{-3-12x^2}=-\frac{4}{3}$$

由于 $\tan(\theta_1+\theta_2)<0$，故 $\theta_1+\theta_2\in\left(\dfrac{\pi}{2},\pi\right)$。

$$\tan(2\arctan 2)=\tan(\arctan 2+\arctan 2)=\frac{2+2}{1-2\times 2}=-\frac{4}{3}$$

由于 $\arctan 2\in\left(\dfrac{\pi}{4},\dfrac{\pi}{2}\right)$，因此 $2\arctan 2\in\left(\dfrac{\pi}{2},\pi\right)$。

$$\arctan\frac{2+2x}{1-4x}+\arctan\frac{2-2x}{1+4x}=2\arctan 2$$

由上可以说明：当 $c=-\arctan 2$ 时，$f(x)$ 在区间 $(-\dfrac{1}{4},\dfrac{1}{4})$ 为奇函数。

例 5.3　证明 $\arctan\dfrac{1}{3}+\arctan\dfrac{1}{5}+\arctan\dfrac{1}{7}+\arctan\dfrac{1}{8}=\dfrac{\pi}{4}$。

证 $\theta_1=\arctan\frac{1}{3}\in\left(0,\frac{\pi}{4}\right)$，$\theta_2=\arctan\frac{1}{5}\in\left(0,\frac{\pi}{4}\right)$，$\theta_3=\arctan\frac{1}{7}\in\left(0,\frac{\pi}{4}\right)$，$\theta_4=\arctan\frac{1}{8}\in\left(0,\frac{\pi}{4}\right)$。应用和角正切公式，则有：

$$\tan(\theta_1+\theta_2)=\frac{\tan(\theta_1)+\tan(\theta_2)}{1-\tan(\theta_1)\tan(\theta_2)}=\frac{\frac{1}{3}+\frac{1}{5}}{1-\frac{1}{3}\times\frac{1}{5}}=\frac{8}{14}=\frac{4}{7}$$

由于 $\tan(\theta_1+\theta_2)<1$，故 $\alpha=\theta_1+\theta_2\in\left(0,\frac{\pi}{4}\right)$。

应用和角正切公式，则有：

$$\tan(\theta_3+\theta_4)=\frac{\frac{1}{7}+\frac{1}{8}}{1-\frac{1}{7}\times\frac{1}{8}}=\frac{15}{55}=\frac{3}{11}$$

由于 $\tan(\theta_3+\theta_4)<1$，故 $\beta=\theta_3+\theta_4\in\left(0,\frac{\pi}{4}\right)$。

应用和角正切公式，则有：

$$\tan(\alpha+\beta)=\frac{\frac{4}{7}+\frac{3}{11}}{1-\frac{4}{7}\times\frac{3}{11}}=1$$

由于 $\alpha+\beta\in\left(0,\frac{\pi}{2}\right)$，故有 $\arctan\frac{1}{3}+\arctan\frac{1}{5}+\arctan\frac{1}{7}+\arctan\frac{1}{8}=\frac{\pi}{4}$。

例 5.4 设 n 为正整数，计算和式

$$S_n=\arctan\frac{1}{2}+\arctan\frac{1}{2\times2^2}+\cdots+\arctan\frac{1}{2\times n^2}$$

解 依次求和，可以发现

$$S_1=\arctan\frac{1}{2}<\arctan1=\frac{\pi}{4}$$

$$S_2=\arctan\frac{1}{2}+\arctan\frac{1}{2\times2^2}=\arctan\frac{\frac{1}{2}+\frac{1}{8}}{1-\frac{1}{2}\times\frac{1}{8}}=\arctan\frac{2}{3}<\arctan1=\frac{\pi}{4}$$

利用数学归纳法：假设当 $n=k\in\mathbf{N}^*$ 时，有 $S_k=\arctan\frac{k}{k+1}$，则当 $n=k+1$ 时，

$$S_{k+1}=S_k+\arctan\frac{1}{2\times(k+1)^2}=\arctan\frac{k}{k+1}+\arctan\frac{1}{2\times(k+1)^2}$$

令 $\theta_1=\arctan\frac{k}{k+1}\in\left(0,\frac{\pi}{4}\right)$，$\theta_2=\arctan\frac{1}{2\times(k+1)^2}\in\left(0,\frac{\pi}{4}\right)$，则 $\theta_1+\theta_2\in$

$\left(0,\frac{\pi}{2}\right)$。应用和角正切公式，则有：

$$\tan(\theta_1+\theta_2)=\frac{\tan\theta_1+\tan\theta_2}{1-\tan\theta_1\tan\theta_2}=\frac{\frac{k}{k+1}+\frac{1}{2\times(k+1)^2}}{1-\frac{k}{k+1}\times\frac{1}{2\times(k+1)^2}}=\frac{k+1}{k+2}$$

$$S_{k+1}=\arctan\frac{k+1}{k+2}$$

因此，可以得出如下结论：

$$S_n=\arctan\frac{n}{n+1}$$

以上是四类最基础、最常用的反三角函数。此外，还有反正割函数与反余割函数分别是正割函数、余割函数的反函数。相关内容如表 5-1 所示。

表 5-1　反正割函数与反余割函数的相关知识

名称	函数	定义域	值域
反正割函数	$y=\mathrm{arcsec}x$	$(-\infty,-1]\cup[1,+\infty)$	$\left[0,\frac{\pi}{2}\right)\cup\left(\frac{\pi}{2},\pi\right]$
反余割函数	$y=\mathrm{arccsc}x$	$(-\infty,-1]\cup[1,+\infty)$	$\left[-\frac{\pi}{2},0\right)\cup\left(0,\frac{\pi}{2}\right]$

习　题

1. 求函数 $y=\sin x+\arcsin x$ 的定义域和值域。
2. 求函数 $y=\arcsin x+\arctan x$ 的定义域和值域。
3. 求函数 $y=\sin x, x\in\left[\frac{\pi}{2},\pi\right]$的反函数。
4. 用反函数数值的形式表达 $\cos x=-\frac{1}{3}, x\in[\pi,2\pi]$。
5. 已知 $\arcsin x\geqslant\arcsin(1-x)$，求 x 的范围。
6. 计算 $\sin\left[\arctan\frac{12}{5}-\arcsin\frac{3}{5}\right]$。
7. 若 x_1, x_2是方程 $x^2-6x+7=0$ 的两个根，求 $\arctan x_1+\arctan x_2$。
8. 证明：$\arctan x+\mathrm{arccot}x=\frac{\pi}{2}, \forall x\in(-\infty,+\infty)$。

5.2 反三角函数的相关定理与性质

基于上述介绍的反三角函数基本概念，本节将系统地介绍若干反三角函数之间的关系以及相关性质和定理。

(一)余角定理

◉ $\arcsin x+\arccos x=\frac{\pi}{2}, x\in[-1,1]$

证 由于 $0\leqslant\arccos x\leqslant\pi$，因此：

$$\begin{cases}\frac{\pi}{2}-\arccos x\in\left[-\frac{\pi}{2},\frac{\pi}{2}\right]\\ \arcsin x\in\left[-\frac{\pi}{2},\frac{\pi}{2}\right]\end{cases}$$

由反函数的定义可知：$\sin(\arcsin x)=x$。因此：

$$\sin\left(\frac{\pi}{2}-\arccos x\right)=\cos(\arccos x)=x$$

由于 $\frac{\pi}{2}-\arccos x\in\left[-\frac{\pi}{2},\frac{\pi}{2}\right]$，所以 $\frac{\pi}{2}-\arccos x=\arcsin x$。整理得到：

$$\arcsin x+\arccos x=\frac{\pi}{2}$$

◉ $\arctan x+\operatorname{arccot} x=\frac{\pi}{2}, x\in\mathbf{R}$

证 由于 $-\frac{\pi}{2}<\arctan x<\frac{\pi}{2}$，因此：

$$\begin{cases}\frac{\pi}{2}-\arctan x\in(0,\pi)\\ \operatorname{arccot} x\in(0,\pi)\end{cases}$$

由反函数的定义可知：$\cot(\operatorname{arccot} x)=x$。因此：

$$\cot\left(\frac{\pi}{2}-\arctan x\right)=\tan(\arctan x)=x$$

由于 $\frac{\pi}{2}-\arctan x\in(0,\pi)$，所以 $\operatorname{arccot} x=\frac{\pi}{2}-\arctan x$。整理得到：

$$\arctan x+\operatorname{arccot} x=\frac{\pi}{2}$$

(二)反正弦函数与三角函数之间的关系

◉ $\sin(\arcsin x)=x, x\in[-1,1]$

由定义可证,略!

◉ $\cos(\arcsin x)=\sqrt{1-x^2}, x\in[-1,1]$

证　令 $y=\arcsin x\in\left[-\frac{\pi}{2},\frac{\pi}{2}\right], x=\sin y\in[-1,1]$。

当 $0\leqslant x\leqslant 1$ 时,有 $0\leqslant \arcsin x=y\leqslant\frac{\pi}{2}, \cos y\geqslant 0$。因此:

$$\cos y=\cos(\arcsin x)=\sqrt{1-(\sin(\arcsin x))^2}=\sqrt{1-x^2}$$

当 $-1\leqslant x\leqslant 0$ 时,有 $-\frac{\pi}{2}\leqslant\arcsin x=y\leqslant 0, \cos y\geqslant 0$。因此:

$$\cos y=\cos(\arcsin x)=\sqrt{1-(\sin(\arcsin x))^2}=\sqrt{1-x^2}$$

◉ $\tan(\arcsin x)=\frac{x}{\sqrt{1-x^2}}, x\in(-1,1)$

证　令 $y=\arcsin x\in\left[-\frac{\pi}{2},\frac{\pi}{2}\right], x=\sin y\in[-1,1]$,已经证明 $\cos y=\sqrt{1-x^2}$。因此,则当 $|x|<1$ 时,

$$\tan(\arcsin x)=\frac{\sin y}{\cos y}=\frac{x}{\sqrt{1-x^2}}$$

(三)反余弦函数与三角函数之间的关系

◉ $\sin(\arccos x)=\sqrt{1-x^2}, x\in[-1,1]$

证　令 $y=\arccos x\in[0,\pi], x=\cos y\in[-1,1]$。

当 $0\leqslant x\leqslant 1$ 时,有 $0\leqslant\arccos x=y\leqslant\frac{\pi}{2}, \sin y\geqslant 0$。因此:

$$\sin y=\sin(\arccos x)=\sqrt{1-(\cos(\arccos x))^2}=\sqrt{1-x^2}$$

当 $-1\leqslant x\leqslant 0$ 时,有 $\frac{\pi}{2}\leqslant\arccos x=y\leqslant\pi, \sin y\geqslant 0$。因此:

$$\sin y=\sin(\arccos x)=\sqrt{1-(\cos(\arccos x))^2}=\sqrt{1-x^2}$$

◉ $\cos(\arccos x)=x, x\in[-1,1]$

由定义可证,略!

◉ $\tan(\arccos x)=\frac{\sqrt{1-x^2}}{x}, x\in[-1,0)\cup(0,1]$

证　当 $x\in(0,1]$时,令 $y=\arccos x\in[0,\pi], x=\cos y\in[-1,1]$,已经证明

$\sin y=\sqrt{1-x^2}$。因此：

$$\tan(\arccos x)=\frac{\sin y}{\cos y}=\frac{\sqrt{1-x^2}}{x}$$

当 $x\in[-1,0)$时，可类似证明。

(四)反正切函数与三角函数之间的关系

◉ $\sin(\arctan x)=\dfrac{x}{\sqrt{1+x^2}}, x\in\mathbf{R}$

证　令 $y=\arctan x\in\left(-\dfrac{\pi}{2},\dfrac{\pi}{2}\right), x=\tan y\in\mathbf{R}, \sin y=x\cos y$。

$$(\cos y)^2+(\sin y)^2=(\cos y)^2+(x\cos y)^2=1$$

由于 $\cos y\geqslant 0$，则

$$\cos y=\frac{1}{\sqrt{x^2+1}}$$

因此：

$$\sin(\arctan x)=\sin y=\cos y\times\tan y=\frac{x}{\sqrt{x^2+1}}$$

◉ $\cos(\arctan x)=\dfrac{1}{\sqrt{1+x^2}}, x\in\mathbf{R}$

证　令 $y=\arctan x\in\left(-\dfrac{\pi}{2},\dfrac{\pi}{2}\right), x=\tan y\in\mathbf{R}, \cos y\geqslant 0$。

前面已经证明 $\sin(\arctan x)=\dfrac{x}{\sqrt{1+x^2}}$，因此：

$$\cos(\arctan x)=\cos y=\sqrt{1-(\sin y)^2}=\frac{1}{\sqrt{1+x^2}}$$

◉ $\tan(\arctan x)=x, x\in\mathbf{R}$

由定义可证，略！

(五)反余切函数与三角函数之间的关系

◉ $\sin(\operatorname{arccot} x)=\dfrac{1}{\sqrt{1+x^2}}, x\in\mathbf{R}$

证　令 $y=\operatorname{arccot} x\in(0,\pi), x=\cot y\in\mathbf{R}, \cos y=x\sin y$。

$$(\cos y)^2+(\sin y)^2=(\sin y)^2+(x\sin y)^2=1$$

由于 $\sin y\geqslant 0$，则

$$\sin y=\frac{1}{\sqrt{x^2+1}}$$

◉ $\cos(\mathrm{arccot}x)=\dfrac{x}{\sqrt{1+x^2}},x\in\mathbf{R}$

证　令 $y=\mathrm{arccot}x\in(0,\pi),x=\cot y\in\mathbf{R}$。

前面已经证明 $\sin(\mathrm{arccot}x)=\dfrac{1}{\sqrt{1+x^2}}$,因此:

$$\cos(\mathrm{arccot}x)=\cos y=\sin y\times\cot y=\frac{x}{\sqrt{1+x^2}}$$

◉ $\tan(\mathrm{arccot}x)=\dfrac{1}{x},x\neq0$

请同学们自证。

下面给出反正割函数与其他三角函数之间的关系,反余割函数与其他三角函数之间的关系,请参考上述证明思想自行完善证明过程。

1.反正割函数与三角函数之间的关系(其中 $x\in(-\infty,-1]\cup[1,+\infty)$):

$$\begin{cases}\sin(\mathrm{arcsec}x)=\dfrac{\sqrt{x^2-1}}{x}\\\cos(\mathrm{arcsec}x)=\dfrac{1}{x}\\\tan(\mathrm{arcsec}x)=\sqrt{x^2-1}\end{cases}$$

2.反余割函数与三角函数之间的关系(其中 $x\in(-\infty,1]\cup[1,+\infty)$):

$$\begin{cases}\sin(\mathrm{arccsc}x)=\dfrac{1}{x}\\\cos(\mathrm{arccsc}x)=\dfrac{\sqrt{x^2-1}}{x}\\\tan(\mathrm{arccsc}x)=\dfrac{1}{\sqrt{x^2-1}}\end{cases}$$

例 5.5　已知函数 $f(x)=4\pi\arcsin x-[\arccos(-x)]^2$ 的最大值为 M,最小值为 m,求 $M-m$。

解　通过余角定理 $\arcsin x=\dfrac{\pi}{2}-\arccos x$ 以及反余弦函数的性质 $\arccos(-x)=\pi-\arccos x$,代入上述函数表达式可得:

$f(x)=4\pi\left(\dfrac{\pi}{2}-\arccos x\right)-(\pi-\arccos x)^2=-(\arccos x)^2-2\pi\arccos x+\pi^2=-(\pi+\arccos x)^2+2\pi^2$

由于 $\arccos x\in[0,\pi]$,$\pi+\arccos x\in[\pi,2\pi]$,$(\pi+\arccos x)^2\in[\pi^2,4\pi^2]$,因此,$M=\pi^2$,$m=-2\pi^2$,故

$$M-m=3\pi^2$$

习 题

1. 证明：$\arcsin(-x)=-\arcsin x, x\in[-1,1]$。

2. 化简 $\cos\left(\arcsin\dfrac{1}{x}\right)$。

3. 证明 $\operatorname{arcsec}x+\operatorname{arccsc}x=\dfrac{\pi}{2}, x\in(-\infty,-1]\cup[1,+\infty)$。

4. 证明 $\arccos x=\begin{cases}\arcsin\sqrt{1-x^2}, & 0\leqslant x\leqslant 1\\ \pi-\arcsin\sqrt{1-x^2}, & -1\leqslant x<0\end{cases}$。

5. 请读者尝试证明本节中未进行证明推导的关系等式。

第六章　极坐标与参数方程

本章将介绍极坐标、参数方程等相关知识。高等数学在表达空间曲面、平面曲线时将涉及大量极坐标以及参数方程运算案例。相较于直角坐标系，计算平面(空间)曲线弧长、平面面积、空间曲面面积时，采用极坐标方程形式或者参数方程形式或许能给我们带来意想不到的惊喜。在此时打下关于极坐标以及参数方程知识的良好基础，能够帮助大家更好地学习大学的数学课程。

6.1　极坐标

在中学期间，当遇到平面解析几何问题时，我们会建立坐标系进行求解。但是，那时大多采用平面直角坐标系，即为笛卡尔坐标系。笛卡尔坐标系是最常用的坐标系，但它并不是用实数描述点位置的唯一方法。用方向和距离描述点的位置，就是本章描述的另一种重要坐标系——极坐标系。

(一)极坐标的基本概念

一个坐标系使用起来是否方便，通常要针对具体问题具体分析。如图 6-1 所示的阿基米德螺线，其极坐标系下的曲线方程为：$r=a+b\theta$。在本章，我们也将介绍如何将极坐标下的曲线方程转化为直角坐标系下的曲线方程。那时，大家会更加深刻地体会到用直角坐标表示阿基米德螺线并不方便。极坐标的应用非常广泛，包括数学、物理工程、航海以及机器人等领域。

下面介绍极坐标系的数学定义：在平面上取一个定点 O，一条从顶点出发的射线 OX、一个长度单位以及一个计算角度的正方向(一般取逆时针方向为正方向)，所有这些合称一个极坐标系，如图 6-2 所示。

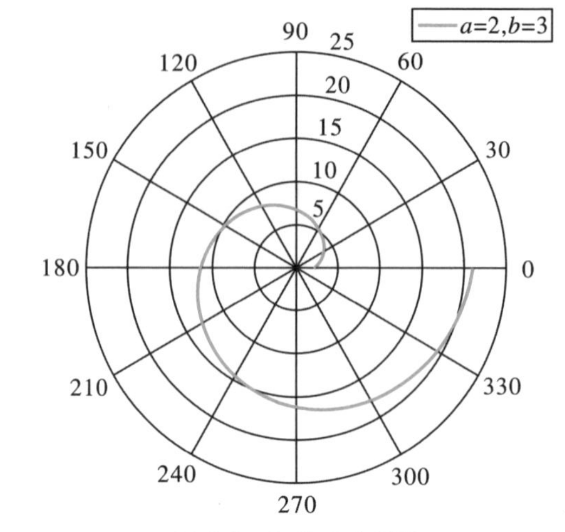

图 6-1　阿基米德螺线

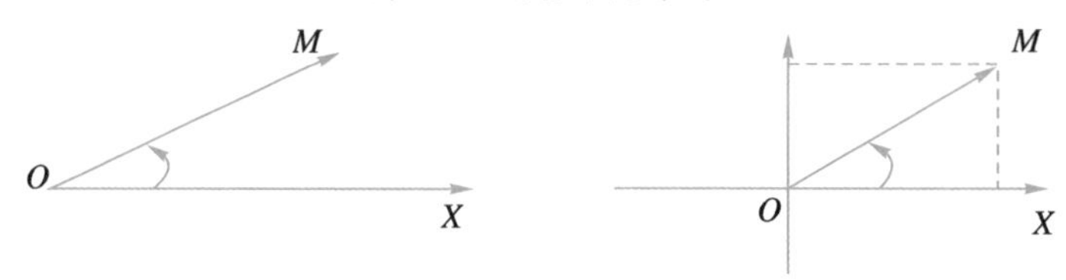

图 6-2　极坐标系

平面上任意一点 M 的位置可以由 OM 的长度 r 和 OX 到 OM 的角度 θ 进行刻画。这个数对 (r,θ) 称为点 M 在这个极坐标系中的极坐标。通常，我们称 r 为极径坐标，θ 为角坐标，O 为极点，OX 为极轴，极径单位为 1，极角单位为弧度或度。

需要作以下几点说明：

1. 点 M 的极径坐标 r 总是一个非负数。当 $r=0$ 时，点 M 就与极点 O 重合。所以，极点的特点是 $r=0$。

2. 由于绕极点 O 按逆时针方向旋转一周的角度为 2π，在极坐标中 (r,θ) 与 $(r,\theta+2k\pi)$ 代表同一个点。由此可见，平面上的点与它的极坐标不是一对一的关系。这也是极坐标系与笛卡尔坐标系的不同之处。

3. 如果 M 不是极点 O，则当限定 $\theta\in(-\pi,\pi]$ 时，θ 就被 M 唯一确定。如果已知极径坐标，则点 M 也被 θ 唯一确定。

下面讨论极坐标与直角坐标的转换关系。首先，在平面上建立直角坐标系；然后，按照如下方式定义极坐标系：取 x 轴的右半边轴为极轴，原点 O 为极点，y 轴上半轴为 $\theta=\frac{\pi}{2}$ 的射线。平面上任意一点 M 的直角坐标 (x,y) 与极坐标 (r,θ) 之间有下列关系：

$$\begin{cases} x=r\cos\theta \\ y=r\sin\theta \end{cases}$$

从直角坐标(x,y)变换到极坐标(r,θ)的换算关系如下：

$$r=\sqrt{x^2+y^2}$$

$$\theta=\begin{cases} \arctan\dfrac{y}{x}, & x>0 \\ \arctan\dfrac{y}{x}+\pi, & x<0,y\geqslant 0 \\ \arctan\dfrac{y}{x}-\pi, & x<0,y<0 \\ \dfrac{\pi}{2}, & x=0,y>0 \\ -\dfrac{\pi}{2}, & x=0,y<0 \\ 0, & x=0,y=0 \end{cases}$$

上面讨论平面直角坐标系与极坐标系之间的换算，下面介绍空间直角坐标系与极坐标系之间的换算。球极坐标系，又称空间极坐标系，是三维坐标系的一种，由二维极坐标扩展而来，以确定三维空间中的点、线、面以及体的位置。

设空间任意点M，它在直角坐标系中的坐标为(x,y,z)，则如下的有序数组(r,φ,θ)称为点M的球坐标：坐标r是点M到原点的距离，θ是通过z轴和点M的半平面与坐标平面zOx所构成的角；φ是线段OM与z轴正方向的夹角，则直角坐标和球坐标的对应关系如下：

$$\begin{cases} x=r\sin\varphi\cos\theta \\ y=r\sin\varphi\sin\theta \\ z=r\cos\varphi \end{cases}$$

在高等数学课程的多元积分学将涉及空间极坐标系、柱面坐标系、直角坐标系的积分换元法。

（二）极坐标曲线方程

设给定平面上的一个极坐标系，设有方程$F(r,\theta)=0$。如果满足以下两个条件，则称$F(r,\theta)=0$为曲线Γ的极坐标方程。

- 平面曲线Γ上每个点的极坐标(r,θ)都满足方程$F(r,\theta)=0$；
- 极坐标(r,θ)满足方程$F(r,\theta)=0$的点都在曲线Γ上。

以下介绍几种常见曲线的极坐标方程。

1. 直线的极坐标方程

设极点 O 到平面上一条直线 L 的距离为 d，过极点 O 并与这条直线垂直的直线与极轴所成的角为 α，则直线的极坐标方程为：

$$r\cos(\alpha-\theta)=d$$

特殊情况，过极点 O 且倾斜角为 α 的射线方程可以表示为：

$$\theta=\alpha$$

2. 圆的极坐标方程

在极坐标系中，圆心在 (r_0,α) 且半径为 R 的圆的一般方程为：

$$r^2-2rr_0\cos(\theta-\alpha)+r_0^2=R^2$$

特殊情况，其圆心与极点重合时，圆的极坐标方程为：

$$r=R$$

现对圆的极坐标方程的一般形式进行推导。

证　设圆的半径为 R，圆心的极坐标为 (r_0,α)，将其变化为直角坐标为 $(r_0\cos\alpha,r_0\sin\alpha)$。圆上点满足如下方程：

$$(x-r_0\cos\alpha)^2+(y-r_0\sin\alpha)^2=R^2$$

设圆上点的极坐标为 (r,θ)，则 $x=r\cos\theta$，$y=r\sin\theta$。代入上式展开后可得：

$$r^2-2rr_0(\sin\theta\sin\alpha+\cos\theta\cos\alpha)+r_0^2=r^2-2rr_0\cos(\theta-\alpha)+r_0^2=R^2$$

得证。

3. 圆锥曲线的极坐标方程

我们都知道，行星或人造卫星围绕一个引力中心（如太阳或地球）运动。对于这类运动，最自然、最常用的坐标系便是极坐标系。以引力中心为极点，运行平面上某一个点固定方向为极轴方向。显然，这类运动的轨迹是椭圆、抛物线或双曲线（统称圆锥曲线）。

若设圆锥曲线的焦点为 F，准线为 l，离心率为 e，过焦点 F 且垂直于准线 l 的直线为 FM。取焦点 F 为极点，极轴与直线 FM 重合。若设 P_0 是过焦点 F 且平行于准线 l 的直线与圆锥曲线的交点，记 l_0 为 FP_0 的长度，l_0 称为圆锥曲线的焦参数。则该圆锥曲线的极坐标方程为：

$$r=\frac{l_0}{1-e\cos\theta}$$

（三）特殊的极坐标曲线

本小节将介绍几类比较特殊的极坐标曲线，以展示极坐标方式展现曲线表达的优势。

◉ 阿基米德螺线

阿基米德螺线是由一个点匀速离开一个固定点的同时又以固定的角速度绕该固定点转动而产生的轨迹，如图 6-3 所示。阿基米德在其著作《螺旋线》中对此作了描述。阿基米德螺线可以用以下方程表达：

$$r=a+b\theta$$

螺线中，a 表示起点到极点的距离，b 表示螺线每增加单位角度 r 随之增加的数值。

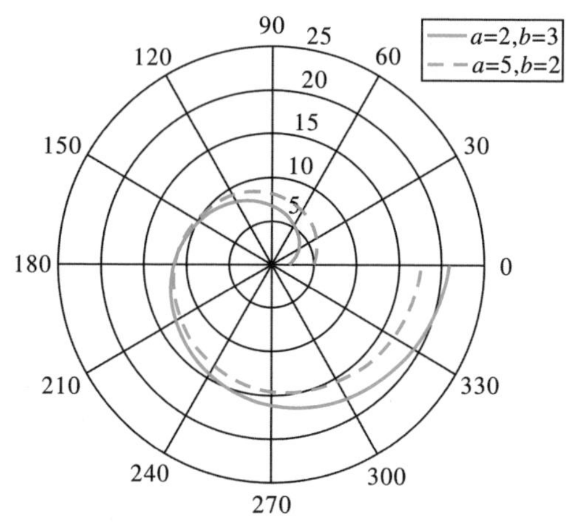

图 6-3　阿基米德螺线

◉ 双曲螺线

双曲螺线又称倒数螺线，极径与极角成反比的点轨迹称为双曲螺线，如图 6-4 所示。其曲线特征为：有一条平行于极轴的渐近线；是阿基米德螺线的倒数；曲线出发于极点。双曲螺线可以用以下方程表达：

$$r\theta=a$$

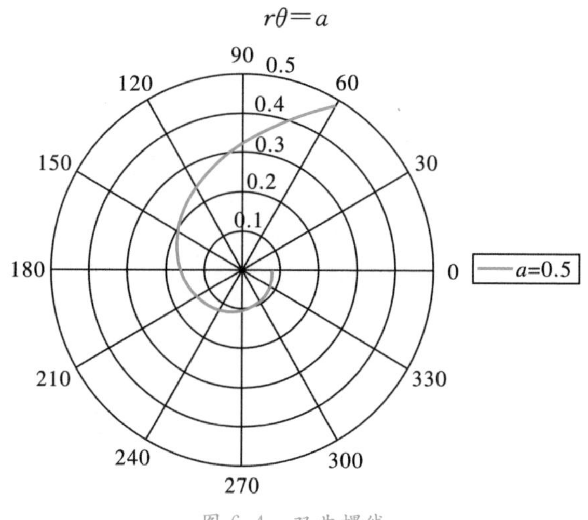

图 6-4　双曲螺线

尼哥米德蚌线

设某一曲线和一个定点 O(这一点,我们把它称作"极"),过点 O 引一束射线,并且在每一条射线上从它和已知曲线的交点向两边作等长的线段,这些线段末端的轨迹就是一种新的曲线,叫作原曲线关于已知极的蚌线,如图 6-5 所示。蚌线可以用以下方程表达:

$$r=a\sec\theta+b$$

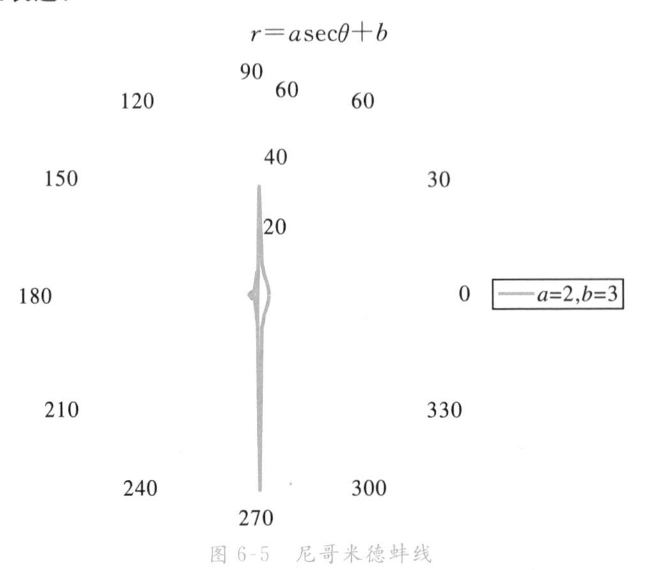

图 6-5 尼哥米德蚌线

心形线

心形线是一个圆上的固定一点在它绕着与其相切且半径相同的另一个圆周滚动时所形成的轨迹,因其形状像心形而得名,如图 6-6 所示。心形线是一种外摆线,亦为蚶线的一种。心形线可以用以下方程表达:

$$r=a(1-\cos\theta)$$

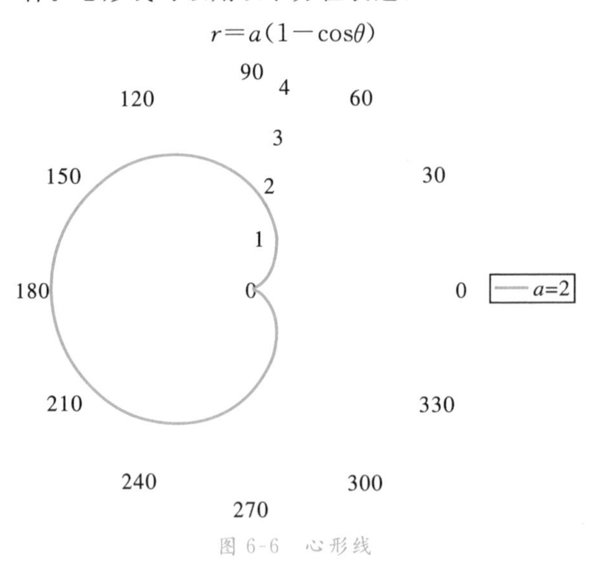

图 6-6 心形线

◉ 玫瑰线

玫瑰线是极坐标系中的正弦曲线，可以用以下方程表达：

$$\begin{cases} r=\cos(k\theta) \\ r=\sin(k\theta) \end{cases}$$

以上两个三角函数所形成的玫瑰线图形，除角度外其他完全相同！如果 k 是偶数，玫瑰线就有 $2k$ 个瓣；如果 k 是奇数，玫瑰线就有 k 个瓣；如果 k 是有理数，玫瑰线就是封闭的，而且其长度有限；如果 k 是无理数，则曲线不是封闭的，且长度无穷大。正弦函数所构成的玫瑰线图形如图 6-7 所示。

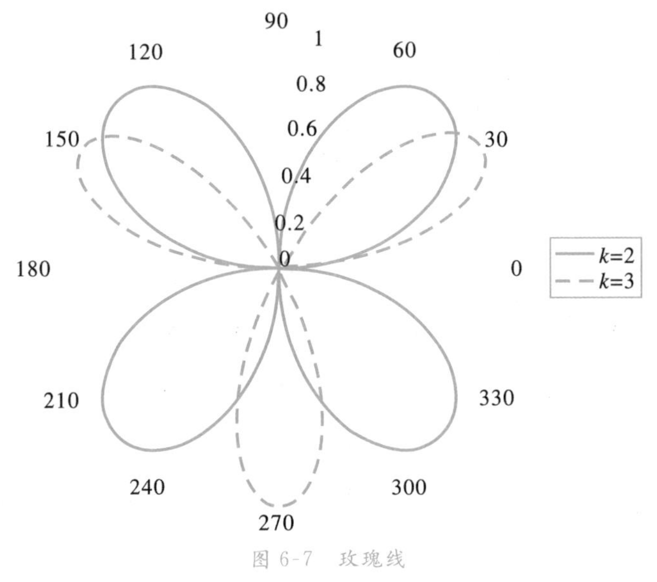

图 6-7　玫瑰线

1. 在极坐标系中，求点 $\left(1,\frac{\pi}{3}\right)$ 与点 $\left(2,\frac{4\pi}{3}\right)$ 之间的距离。

2. 在极坐标系中，求点 $\left(2,\frac{\pi}{2}\right)$ 到直线 $\theta=\frac{\pi}{4}$ 的距离。

3. 求过点 $\left(2,\frac{\pi}{6}\right)$ 且平行于极轴的直线的极坐标方程。

4. 将直角坐标方程 $(x^2+y^2)^2=x^2-y^2$ 化为极坐标方程。

5. 判断在同一极坐标系中，点 (r,θ) 与点 $(-r,\pi-\theta)$ 的位置关系。

6. 在极坐标系下，已知圆 C：$r=\cos\theta+\sin\theta$ 和直线 l：$x-y+2=0$。求圆 C 的直角坐标方程以及直线 l 的极坐标方程，圆 C 上的点到直线 l 的最短距离。

7. 在直角坐标系 xOy 重，直线 l 经过点 $M(-1,m)$，且斜率为 1。以坐标原点为极点，x 轴正半轴为极轴建立极坐标系，曲线 C 的极坐标方程为 $r\sin^2\theta=2r\cos\theta$。直线 l 交曲线 C 于不同的两点 A、B。若点 M 在曲线 C 的准线上，且 $|MA|$、$\frac{1}{2}|AB|$、$|MB|$ 成等比数列，求 m 的值。

8. 设某彗星的运行轨道是一条抛物线，太阳位于这条抛物线的焦点处，已知当彗星距离太阳 1.6×10^8 km 时，极径与轨道的切线所成的角度为 $\frac{\pi}{3}$，试求该彗星轨道的极坐标方程。

9. 试说出下列极坐标方程各代表什么曲线：

(1) $r=1$；(2) $r=\cos\theta$；(3) $r\sin\theta=1$。

6.2 参数方程

本节将介绍参数方程的相关知识。通过直角坐标系可以建立曲线与方程之间的对应关系。如曲线方程 $F(x,y)=0$，就是曲线上点 M 的横坐标 x 与纵坐标 y 之间的一个制约关系。曲线常常用于反映质点运动轨迹，而运动规律往往不是直接反映为质点位置坐标 x 与 y 之间的关系，而表现为质点位置随时间的变化规律，即 $x(t)$ 与 $y(t)$。

参数方程和函数非常相似，它们都是由一些在指定集内的数决定因变量的结果。例如在运动学中，参数通常选取时间，而结果是速度、加速度、位置等。接下来，将结合引例具体介绍参数方程的概念。

引例 1　设 a、b 为两个实数($b>a\geqslant0$)，设一质点的运动规律为：

$$\begin{cases}x=f(t)\\y=g(t)\end{cases},t\in[a,b]$$

其中，f 与 g 都是时间变量 t 的函数。对于每一时刻 t，上式得到一数对 (x,y)，点 $M(x,y)$ 就是质点在时刻 t 的位置。

设在平面上定义一个直角坐标系，将平面曲线 Γ 上点 M 的横坐标 x 和纵坐标 y 都表示成变量 t 的函数表达式。如果对于 $t\in[a,b]$ 的每一个值所确定的点 $M(x,y)$ 都在曲线 Γ 上，而且曲线 Γ 上每一点都可以由 t 的某个值 t_0 代入而获得，则称上式为平面曲线 Γ 的参数方程。

用参数方程描述运动规律常常比普通方程更为直接、简便。对于求解最大射程、最大高度、飞行时间等问题都比较理想。有些重要但复杂的曲线，建立其普通方程比较困难，甚至不可能，用于表达曲线的方程既复杂又不易理解。然而，参数方程的表达方式给平面曲线，乃至空间曲线带来了一种全新的可能性。

(一)常见平面曲线的参数方程

◉ 平面直线的参数方程

通过已知点(x_0,y_0)，且方向向量为(l,m)的直线参数方程为：

$$\begin{cases}x=x_0+lt\\y=y_0+mt\end{cases},t\in\mathbf{R}$$

通过消除参数 t，可以将上述方程表示为：

$$\frac{x-x_0}{l}=\frac{y-y_0}{m}$$

若方向向量其中存在某项为零，也可写成如下形式：

当 $l=0$ 时，$x=x_0$；当 $m=0$ 时，$y=y_0$

◉ 圆的参数方程

圆心为(x_0,y_0)，半径为 R 的圆形参数方程为：

$$\begin{cases}x=x_0+R\cos t\\y=y_0+R\sin t\end{cases},t\in[0,2\pi]$$

通过消除参数 t，可以将上述方程表示为：

$$(x-x_0)^2+(y-y_0)^2=R^2$$

◉ 椭圆的参数方程

椭圆圆心为(x_0,y_0)，半轴长度分别为 a 与 b 的椭圆参数方程为：

$$\begin{cases}x=x_0+a\cos t\\y=y_0+b\sin t\end{cases}$$

通过消除参数 t，可以将上述方程表示为：

$$\frac{(x-x_0)^2}{a^2}+\frac{(y-y_0)^2}{b^2}=1$$

类似地，可以得到双曲线、抛物线的参数方程。

◉ 旋轮线的参数方程

一半径为 R 的圆周在一直线上滚动时，固定在圆周上的一个定点所经过的轨迹称为旋轮线，如图 6-8 所示。旋轮线的参数方程如下：

$$\begin{cases}x=R(t-\sin t)\\y=R(1-\cos t)\end{cases}$$

当圆滚动 n 周时，动圆上定点描绘出 n 个相同的拱形，拱的高度为 $2R$，拱的宽度为 $2\pi R$。旋轮线具有如下性质：其长度为旋转圆直径的 4 倍，且是不依赖于 π 的有理数；弧线下的面积是旋转圆面积的 3 倍；定点在 y 轴上的运动是简谐运动，且有相同的周期。

以上三条性质，待大家学习定积分知识后便可完成相应证明环节。

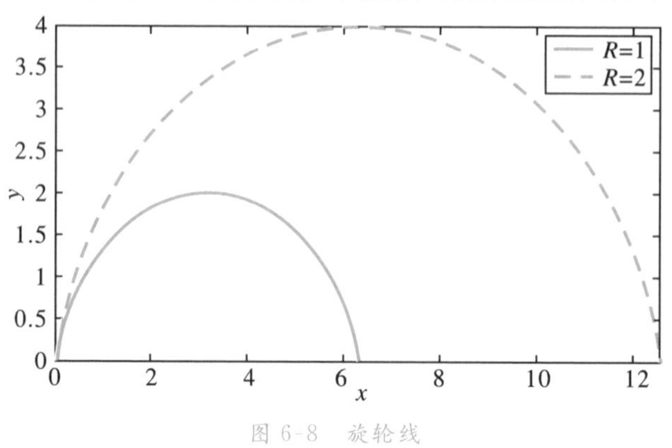

图 6-8　旋轮线

圆的渐伸线

一直线沿半径为 R 的圆周滚动，直线上一个定点的轨迹称为圆的渐伸线，如图 6-9 所示。圆的渐伸线的参数方程如下：

$$\begin{cases} x=R(\cos t+t\sin t) \\ y=R(\sin t-t\cos t) \end{cases}$$

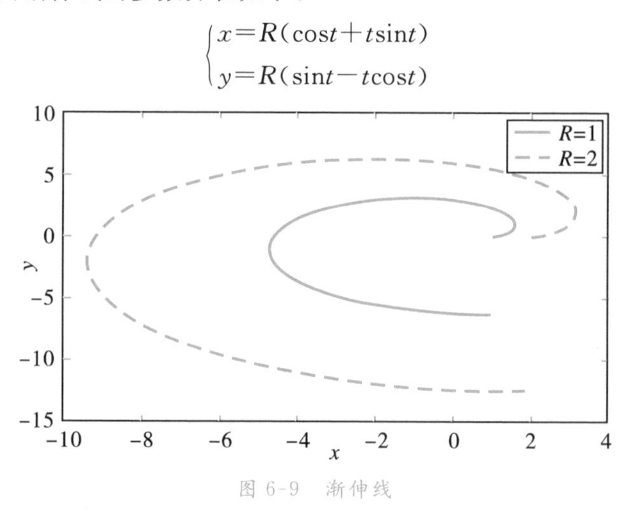

图 6-9　渐伸线

(二)常见空间曲线的参数方程

空间直线的参数方程

通过已知点(x_0,y_0,z_0)，且方向向量为(l,m,n)的直线参数方程为：

$$\begin{cases} x=x_0+lt \\ y=y_0+mt, t\in \mathbf{R} \\ z=z_0+nt \end{cases}$$

通过消除参数 t，可以将上述方程表示为：

$$\frac{x-x_0}{l}=\frac{y-y_0}{m}=\frac{z-z_0}{n}$$

若方向向量其中某项为零，如 $l=0, m\neq0, n\neq0$，则可写成

$$\begin{cases} x=x_0 \\ \dfrac{y-y_0}{m}=\dfrac{z-z_0}{n} \end{cases}$$

如 $l=m=0, n\neq0$，则可写成

$$\begin{cases} x=x_0 \\ y=y_0 \end{cases}$$

◎ 螺旋线方程

空间中一个动点 M 沿直线 l 做匀速直线运动，同时又以等角速度绕同平面的轴线 OZ 旋转，M 的轨迹是一条空间曲线，称为螺旋线。

螺旋线分为左旋与右旋两种类型，是绕在圆柱面或圆锥面上的曲线，且它的切线与定直线的夹角是固定不变的。当定直线 l 与轴线 OZ 平行时，称为圆柱螺线，如图 6-10 所示。螺旋线方程的参数方程如下：

$$\begin{cases} x=\cos t \\ y=\sin t \\ z=t \end{cases}$$

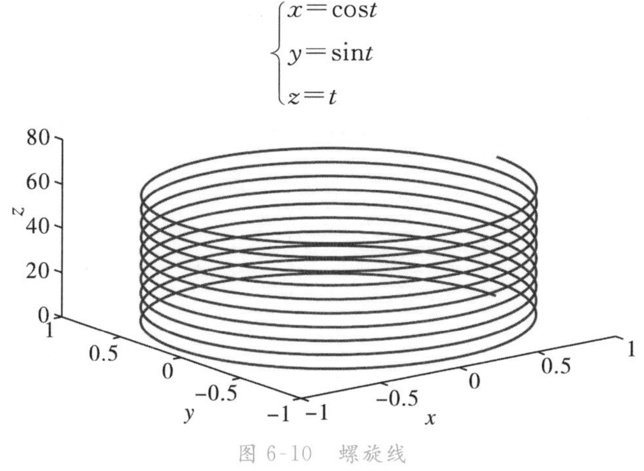

图 6-10　螺旋线

例 6.1　设 $a>0$，将一般方程 $x^3+y^3-3axy=0$ 化为参数方程。

解　设 $y=tx$，其中 t 为参数，代入一般方程 $x^3+y^3-3axy=0$，得：

$$x^3+t^3x^3-3atx^2=0$$

解得 $x=0, x=\dfrac{3at}{1+t^3}$，代入 $y=tx$ 得到 $y=\dfrac{3at^2}{1+t^3}$。

于是，原方程可化为参数方程：

$$\begin{cases} x=\dfrac{3at}{1+t^3} \\ y=\dfrac{3at^2}{1+t^3} \end{cases}, t\in(-\infty,-1)\cup(-1,+\infty)$$

当 $a=1$ 时，得到叶形线如图 6-11 所示。

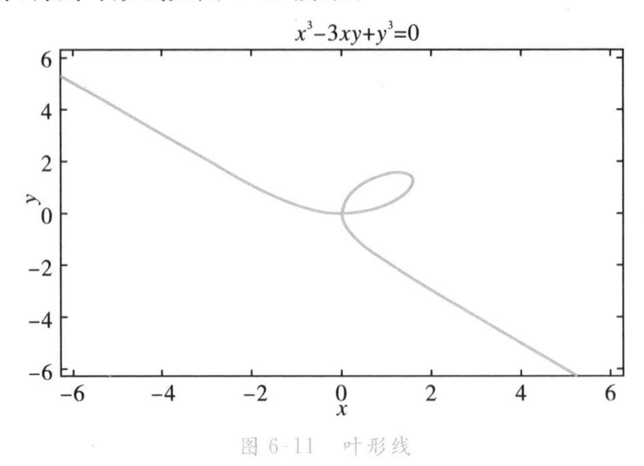

图 6-11 叶形线

例 6.2 椭圆 $\frac{x^2}{a^2}+\frac{y^2}{b^2}=1$ 上有两点 A 和 B，满足 $OA\perp OB$，O 为原点，求证：$\frac{1}{|OA|^2}+\frac{1}{|OB|^2}$ 为定值。

证 设 $|OA|=r_1$，$|OB|=r_2$，且 $\angle xOA=\theta$，$\angle xOB=\theta+\frac{\pi}{2}$，则点 A 和 B 的坐标分别为 $A(r_1\cos\theta,r_1\sin\theta)$，$B(-r_2\sin\theta,r_2\cos\theta)$。由点 A 和 B 都在椭圆上有：

$$\begin{cases}\frac{r_1^2\cos^2\theta}{a^2}+\frac{r_1^2\sin^2\theta}{b^2}=1\\\frac{r_2^2\sin^2\theta}{a^2}+\frac{r_2^2\cos^2\theta}{b^2}=1\end{cases}$$

整理后得到

$$\begin{cases}\frac{\cos^2\theta}{a^2}+\frac{\sin^2\theta}{b^2}=\frac{1}{r_1^2}\\\frac{\sin^2\theta}{a^2}+\frac{\cos^2\theta}{b^2}=\frac{1}{r_2^2}\end{cases}$$

因此，

$$\frac{1}{|OA|^2}+\frac{1}{|OB|^2}=\frac{\cos^2\theta}{a^2}+\frac{\sin^2\theta}{b^2}+\frac{\sin^2\theta}{a^2}+\frac{\cos^2\theta}{b^2}=\frac{1}{a^2}+\frac{1}{b^2}$$

得证！

例 6.3 已知直线 l 过原点，抛物线 C 的顶点在原点，焦点在 x 轴正半轴上，若点 $A(-1,0)$ 和 $B(0,8)$ 关于 l 的对称点都在抛物线 C 上，求直线 l 和抛物线 C 的方程。

解 设 l 的方程为 $y=kx$，点 A 和 B 关于直线 l 的对称点分别为 $A_1(x_2,y_2)$ 和

$B_1(x_1,y_1)$。则 AA_1 的中点 $A_2\left(\frac{x_2-1}{2},\frac{y_2}{2}\right)$在直线 l 上，所以 $y_2=k(x_2-1)$。

因为 $l\perp AA_1$，所以$\frac{y_2}{x_2+1}=-\frac{1}{k}$。联立上述两式可以得到

$$\begin{cases}x_2=\frac{k^2-1}{k^2+1}\\y_2=-\frac{2k}{k^2+1}\end{cases}$$

同理，BB_1 的中点 $B_2\left(\frac{-x_1}{2},\frac{8+y_1}{2}\right)$在直线 l 上，且 $l\perp BB_1$，解得

$$\begin{cases}x_1=\frac{16k}{k^2+1}\\y_2=\frac{8(k^2-1)}{k^2+1}\end{cases}$$

设抛物线方程为 $y^2=2px$，将 A_1 和 B_1 代入并消除参数 p 得到$k^2-k-1=0$。解方程得到 $k=\frac{1\pm\sqrt{5}}{2}$。由于题设要求 $k>0$，可以得到 $k=\frac{1+\sqrt{5}}{2}$，$p=\frac{2}{5}\sqrt{5}$。

所以，直线方程为 $y=\frac{1+\sqrt{5}}{2}x$，抛物线方程为 $y^2=\frac{4}{5}\sqrt{5}x$。

习　题

1. 将下列参数方程化为一般方程：

$$\begin{cases}x=2t^2\\y=6t\end{cases},t\in\mathbf{R}$$

2. 下述参数方程表示什么样的曲线？

$$\begin{cases}x=3t-5\\y=t^3-t^2\end{cases},t\in\mathbf{R}$$

3. 已知 M 是椭圆$\frac{x^2}{a^2}+\frac{y^2}{b^2}=1(a>b>0)$上第一象限的点，$A(a,0)$与 $B(0,b)$是椭圆的两个顶点，O 为原点，求四边形 $OAMB$ 面积的最大值。

4. 已知直线 l 过点 $P(3,2)$，直线 l 的倾斜角为 α，且与 x 轴和 y 轴的正半轴分别交于 A、B 两点。求直线 l 的参数方程；求 $|PA|\times|PB|$ 取得最小值时直线 l 的方程。

5. 如果曲线 C：$\begin{cases}x=a+2\cos\theta\\y=a+2\sin\theta\end{cases}$上有且仅有两个点到原点的距离为 2，求实数 a

的范围。

6. 设直线的参数方程为$\begin{cases}x=-4+t\\ y=t\end{cases}$，点 P 在该直线上，且与点$M_0(-4,0)$的距离为$\sqrt{2}$，求点 P 的坐标。

7. 已知点 $P(x,y)$在椭圆$\frac{x^2}{3}+y^2=1$ 上，且 $x+y+a\geqslant 0$ 恒成立，求 a 的取值范围。

8. 直线 $y=\frac{\sqrt{3}}{3}x+\sqrt{2}$与圆心为 D 的圆$\begin{cases}x=\sqrt{3}+\sqrt{3}\cos\theta\\ y=1+\sqrt{3}\sin\theta\end{cases}$，$\theta\in[0,2\pi)$交于点 A、点 B，求直线 AD 与 BD 的倾斜角之和。

9. 在平面直角坐标系中，求过椭圆$\begin{cases}x=5\cos\theta\\ y=3\sin\theta\end{cases}$的右焦点，且与直线$\begin{cases}x=4-2t\\ y=3-t\end{cases}$平行的直线普通方程。

10. 对于 $\alpha,\beta\in[0,\pi]$，参数方程$\begin{cases}x=\sin\alpha+\sin\beta\\ y=\cos\alpha+\cos\beta\end{cases}$所表示轨迹的面积是？

11. 已知抛物线$\begin{cases}x=\frac{3}{2}+t^2\\ y=\sqrt{6}t\end{cases}$和椭圆$\begin{cases}x=m+2\cos\theta\\ y=\sqrt{3}\sin\theta\end{cases}$，问：是否存在实数 m，使得抛物线与椭圆有四个不同的交点？

第七章　线性方程组求解

线性方程组及其求解最早出现在我国古代《九章算术》中，它是线性代数的核心，也是绝大部分的科学研究和工程应用中常见的数学问题。

有读者可能会认为线性方程组求解十分简单。但事实上，现实生活中的线性方程组规模可以达到 500×500、1000×1000，甚至 $10^6\times10^6$，此时就需要高效的求解方法。本章将简单介绍两种线性方程组的求解方法。

7.1　行列式求解线性方程组

首先我们先介绍一下线性方程组的定义：

形如 $\begin{cases} a_{11}x_1+a_{12}x_2+\cdots+a_{1n}x_n=b_1 \\ a_{21}x_1+a_{22}x_2+\cdots+a_{2n}x_n=b_2 \\ \cdots \\ a_{m1}x_1+a_{m2}x_2+\cdots+a_{mn}x_n=b_m \end{cases}$ 称为含 m 个方程和 n 个未知量的线性方程组，简称为 $m\times n$ 线性方程组，其中 $x_1,x_2,\cdots,x_n$ 为未知变量，a_{ij}、b_i 为常数。

注：定义中用到的数字只是作为指标，因此，出现在定义中的符号都是抽象的符号。比如 a_{32} 表示的是第三个方程中未知量 x_2 前面的系数。

引例 1　以简单方程组的求解为例，

$$\begin{cases} a_{11}x_1+a_{12}x_2=b_1 \\ a_{21}x_1+a_{22}x_2=b_2 \end{cases} \Rightarrow \begin{matrix} (a_{11}a_{22}-a_{12}a_{21})x_1=b_1a_{22}-a_{12}b_2 \\ (a_{11}a_{22}-a_{12}a_{21})x_2=a_{11}b_2-b_1a_{21} \end{matrix}$$

当 $a_{11}a_{22}-a_{12}a_{21}\neq0$ 时，

$$x_1=\frac{b_1a_{22}-a_{12}b_2}{a_{11}a_{22}-a_{12}a_{21}},x_2=\frac{a_{11}b_2-b_1a_{21}}{a_{11}a_{22}-a_{12}a_{21}}$$

(一)二阶行列式

由四个数排成二行二列（横排称行、竖排称列）的数表 $\begin{matrix} a_{11} & a_{12} \\ a_{21} & a_{22} \end{matrix}$ 定义一个数值

$a_{11}a_{22}-a_{12}a_{21}$，称该数值为数表$\begin{matrix} a_{11} & a_{12} \\ a_{21} & a_{22} \end{matrix}$的二阶行列式，并记作$\begin{vmatrix} a_{11} & a_{12} \\ a_{21} & a_{22} \end{vmatrix}$，即

$$\begin{vmatrix} a_{11} & a_{12} \\ a_{21} & a_{22} \end{vmatrix}=a_{11}a_{22}-a_{12}a_{21}$$

二阶行列式有如下对角线法则：

$$\begin{vmatrix} a_{11} & a_{12} \\ a_{21} & a_{22} \end{vmatrix}=a_{11}a_{22}-a_{12}a_{21}$$

蓝色斜对角线(a_{11}——a_{22})称为主对角线，灰色斜对角线(a_{12}——a_{21})称为副对角线。对于二元线性方程组$\begin{cases} a_{11}x_1+a_{12}x_2=b_1 \\ a_{21}x_1+a_{22}x_2=b_2 \end{cases}$，若记$D=\begin{vmatrix} a_{11} & a_{12} \\ a_{21} & a_{22} \end{vmatrix}$，并称之为系数行列式。

结合引例1，记$D=\begin{vmatrix} a_{11} & a_{12} \\ a_{21} & a_{22} \end{vmatrix}$，$D_1=\begin{vmatrix} b_1 & a_{12} \\ b_2 & a_{22} \end{vmatrix}$，$D_2=\begin{vmatrix} a_{11} & b_1 \\ a_{21} & b_2 \end{vmatrix}$，

当$D\neq 0$时，有唯一解，且

$$x_1=\frac{D_1}{D}=\frac{\begin{vmatrix} b_1 & a_{12} \\ b_2 & a_{22} \end{vmatrix}}{\begin{vmatrix} a_{11} & a_{12} \\ a_{21} & a_{22} \end{vmatrix}},x_2=\frac{D_2}{D}=\frac{\begin{vmatrix} a_{11} & b_1 \\ a_{21} & b_2 \end{vmatrix}}{\begin{vmatrix} a_{11} & a_{12} \\ a_{21} & a_{22} \end{vmatrix}}$$

(二)三阶行列式

考虑三元线性方程组$\begin{cases} a_{11}x_1+a_{12}x_2+a_{13}x_3=b_1 \\ a_{21}x_1+a_{22}x_2+a_{23}x_3=b_2 \\ a_{31}x_1+a_{32}x_2+a_{33}x_3=b_3 \end{cases}$(*)，运用消元法可知，当数值$a_{11}a_{22}a_{33}+a_{12}a_{23}a_{31}+a_{13}a_{21}a_{32}-a_{11}a_{23}a_{32}-a_{12}a_{21}a_{33}-a_{13}a_{22}a_{31}\neq 0$时，方程组有唯一解。显然，$x_1,x_2,x_3$的表达式十分繁杂，不便于记忆，此处引入行列式。

记$\begin{vmatrix} a_{11} & a_{12} & a_{13} \\ a_{21} & a_{22} & a_{23} \\ a_{31} & a_{32} & a_{33} \end{vmatrix}=a_{11}a_{22}a_{33}+a_{12}a_{23}a_{31}+a_{13}a_{21}a_{32}-a_{11}a_{23}a_{32}-a_{12}a_{21}a_{33}-a_{13}a_{22}a_{31}$

定义$\begin{vmatrix} a_{11} & a_{12} & a_{13} \\ a_{21} & a_{22} & a_{23} \\ a_{31} & a_{32} & a_{33} \end{vmatrix}$为数表$\begin{matrix} a_{11} & a_{12} & a_{13} \\ a_{21} & a_{22} & a_{23} \\ a_{31} & a_{32} & a_{33} \end{matrix}$所确定的三阶行列式。

记 $D=\begin{vmatrix} a_{11} & a_{12} & a_{13} \\ a_{21} & a_{22} & a_{23} \\ a_{31} & a_{32} & a_{33} \end{vmatrix}$，$D_1=\begin{vmatrix} b_1 & a_{12} & a_{13} \\ b_2 & a_{22} & a_{23} \\ b_3 & a_{32} & a_{33} \end{vmatrix}$，$D_2=\begin{vmatrix} a_{11} & b_1 & a_{13} \\ a_{21} & b_2 & a_{23} \\ a_{31} & b_3 & a_{33} \end{vmatrix}$，

$D_3=\begin{vmatrix} a_{11} & a_{12} & b_1 \\ a_{21} & a_{22} & b_2 \\ a_{31} & a_{32} & b_3 \end{vmatrix}$，则三元线性方程组（$*$）在 $D\neq 0$ 时有唯一解，且解为

$$x_1=\frac{D_1}{D},x_2=\frac{D_2}{D},x_3=\frac{D_3}{D}。$$

三阶行列式的对角线法则如下：

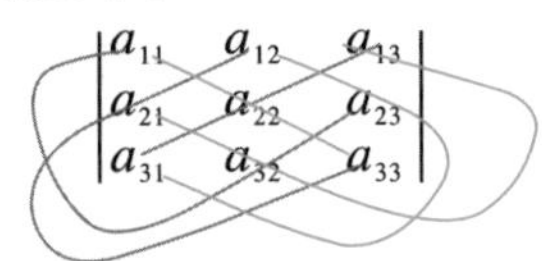

同一蓝线上的元素相乘为一项，符号为正；同一灰线上的元素相乘为一项，符号为负，即

$$\begin{vmatrix} a_{11} & a_{12} & a_{13} \\ a_{21} & a_{22} & a_{23} \\ a_{31} & a_{32} & a_{33} \end{vmatrix}=a_{11}a_{22}a_{33}+a_{12}a_{23}a_{31}+a_{13}a_{21}a_{32}-a_{11}a_{23}a_{32}-a_{12}a_{21}a_{33}-a_{13}a_{22}a_{31}$$

注：1）对角线法则只适用于二阶与三阶行列式。

2）三阶行列式包括 3! 项，每一项都是位于不同行、不同列的三个元素的乘积，其中三项为正，三项为负。

例 7.1　求解三阶行列式 $D=\begin{vmatrix} 1 & 2 & -4 \\ -2 & 2 & 1 \\ -3 & 4 & -2 \end{vmatrix}$。

解　按对角线法则有

$D=1\times 2\times(-2)+2\times 1\times(-3)+(-4)\times(-2)\times 4-1\times 1\times 4-2\times(-2)\times(-2)-(-4)\times 2\times(-3)=-14$。

例 7.2　解线性方程组$\begin{cases} x_1-2x_2+x_3=-2 \\ 2x_1+x_2-3x_3=1 \\ -x_1+x_2-x_3=0 \end{cases}$。

解　由于方程的系数行列式

$$\begin{aligned} D&=\begin{vmatrix} 1 & -2 & 1 \\ 2 & 1 & -3 \\ -1 & 1 & -1 \end{vmatrix} \\ &=1\times 1\times(-1)+(-2)\times(-3)\times(-1)+1\times 2\times 1 \\ &\quad -1\times 1\times(-1)-(-2)\times 2\times(-1)-1\times(-3)\times 1 \\ &=-5\neq 0 \end{aligned}$$

故该线性方程组有唯一解。同理

$$D_1=\begin{vmatrix}-2&-2&1\\1&1&-3\\0&1&-1\end{vmatrix}=-5,$$

$$D_2=\begin{vmatrix}1&-2&1\\2&1&-3\\-1&0&-1\end{vmatrix}=-10,$$

$$D_3=\begin{vmatrix}1&-2&-2\\2&1&1\\-1&1&0\end{vmatrix}=-5,$$

故方程组的解为：$x_1=\dfrac{D_1}{D}=1, x_2=\dfrac{D_2}{D}=2, x_3=\dfrac{D_3}{D}=1$。

习　题

1. 计算下列二阶行列式：

(1) $\begin{vmatrix}1&0\\0&2\end{vmatrix}$；　(2) $\begin{vmatrix}1&3\\0&2\end{vmatrix}$；　(3) $\begin{vmatrix}1&2\\2&4\end{vmatrix}$；　(4) $\begin{vmatrix}1&2\\3&4\end{vmatrix}$；

(5) $\begin{vmatrix}1&3\\2&4\end{vmatrix}$；　(6) $\begin{vmatrix}1&-1\\0&0\end{vmatrix}$。

2. 计算下列三阶行列式：

(1) $\begin{vmatrix}1&0&0\\0&2&1\\0&0&3\end{vmatrix}$；　(2) $\begin{vmatrix}1&0&0\\2&2&0\\-1&1&3\end{vmatrix}$；　(3) $\begin{vmatrix}1&-2&-2\\2&1&1\\-1&2&2\end{vmatrix}$；

(4) $\begin{vmatrix}2&3&0\\2&-2&0\\-1&1&0\end{vmatrix}$。

3. 计算下列行列式：

(1) $\begin{vmatrix}a^2&ab\\ab&b^2\end{vmatrix}$；　(2) $\begin{vmatrix}a+b&b+d\\a+c&c+d\end{vmatrix}$；　(3) $\begin{vmatrix}1+\sqrt{2}&2-\sqrt{3}\\2+\sqrt{3}&1-\sqrt{2}\end{vmatrix}$；

(4) $\begin{vmatrix}a&b&a\\0&b&d\\0&0&c\end{vmatrix}$；　(5) $\begin{vmatrix}a&b\\c&d\end{vmatrix}+(-1)^3\begin{vmatrix}0&b&a\\1&a&b\\0&d&c\end{vmatrix}$。

4. 问行列式$\begin{vmatrix} a & b \\ c & d \end{vmatrix}$和$\begin{vmatrix} a & 1 & b \\ 0 & 1 & 0 \\ c & 1 & d \end{vmatrix}$是否相等？

5. 求多项式 $f(x)=\begin{vmatrix} x & 1 & 0 \\ 1 & x & -4 \\ 3 & x-2 & 0 \end{vmatrix}$的根。

6. 证明下列等式：

(1) $\begin{vmatrix} a_{11} & a_{12} & a_{13} \\ a_{21} & a_{22} & a_{23} \\ a_{31} & a_{32} & a_{33} \end{vmatrix}=\begin{vmatrix} a_{11} & a_{21} & a_{31} \\ a_{12} & a_{22} & a_{32} \\ a_{13} & a_{23} & a_{33} \end{vmatrix}$；

(2) $\begin{vmatrix} a_{11} & a_{12} & a_{13} \\ a_{21} & a_{22} & a_{23} \\ a_{31} & a_{32} & a_{33} \end{vmatrix}+\begin{vmatrix} a_{11} & a_{12} & a_{13} \\ b_{21} & b_{22} & b_{23} \\ a_{31} & a_{32} & a_{33} \end{vmatrix}=\begin{vmatrix} a_{11} & a_{12} & a_{13} \\ a_{21}+b_{21} & a_{22}+b_{22} & a_{23}+b_{23} \\ a_{31} & a_{32} & a_{33} \end{vmatrix}$。

7. 用行列式求解以下线性方程组：

(1) $\begin{cases} 5x_1+4x_2=1 \\ 3x_1+2x_2=2 \end{cases}$；　(2) $\begin{cases} x_1+2x_2+2x_3=1 \\ -x_1+2x_2+x_3=1 \\ 3x_1+3x_2+2x_3=1 \end{cases}$；　(3) $\begin{cases} 2x-y+z=0 \\ 3x+2y+5z=1 \\ x+3y-2z=4 \end{cases}$。

7.2　增广矩阵求解线性方程组

在《九章算术》第八章“方程”中给出问题：“今有上禾三秉，中禾二秉，下禾一秉，实三十九斗；上禾二秉，中禾三秉，下禾一秉，实三十四斗；上禾一秉，中禾二秉，下禾三秉，实二十六斗。问上、中、下禾实一秉各几何？”接着，用分离系数的方法表示了线性方程组，即例题中提到的数表——矩阵，而其所用之法就是消元法。但由于我国古代后续并没有发展《九章算术》中这一算法，故被西方命名为高斯消元法。下面我们给出例子来解释一下该消元法。

例 7.3　求解线性方程组$\begin{cases} x-y=2 & ① \\ x+y+z=6 & ② \\ 2x-y-z=3 & ③ \end{cases}$

解　第②个方程加上第①个方程的(−1)倍，第③个方程加上第①个方程的(−2)倍，再交换②和③两个方程化简原方程组，即

$$\xrightarrow{\substack{②+①\times(-1)\\ ③+①\times(-2)\\ ②\leftrightarrow③}}\begin{cases}x-y=2 & ①\\ y-z=-1 & ②\\ 2y+z=4 & ③\end{cases}$$

接着化简有：

$$\xrightarrow{③+②\times(-2)}\begin{cases}x-y=2 & ①\\ y-z=-1 & ②\\ 3z=6 & ③\end{cases}$$

$$\xrightarrow{③\times(1/3)}\begin{cases}x-y=2 & ①\\ y-z=-1 & ②\\ z=2 & ③\end{cases}$$

将 $z=2$ 依次"回代"到第②和第①个方程，得到

$$\begin{cases}x=3\\ y=1\\ z=2\end{cases}$$

上述过程只保留系数后可以简化为以下"数表"形式：

$$\left[\begin{array}{ccc:c}1 & -1 & 0 & 2\\ 1 & 1 & 1 & 6\\ 2 & -1 & -1 & 3\end{array}\right]\rightarrow\left[\begin{array}{ccc:c}1 & -1 & 0 & 2\\ 0 & 1 & -1 & -1\\ 0 & 2 & 1 & 4\end{array}\right]\rightarrow\left[\begin{array}{ccc:c}1 & 1 & 0 & 2\\ 0 & 1 & -1 & -1\\ 0 & 0 & 3 & 6\end{array}\right]$$

$$\rightarrow\left[\begin{array}{ccc:c}1 & -1 & 0 & 2\\ 0 & 1 & -1 & -1\\ 0 & 0 & 1 & 2\end{array}\right]\rightarrow\left[\begin{array}{ccc:c}1 & 0 & 0 & 3\\ 0 & 1 & 0 & 1\\ 0 & 0 & 1 & 2\end{array}\right]。$$

一般地，对于线性方程组 $\begin{cases}a_{11}x_1+a_{12}x_2+\cdots+a_{1n}x_n=b_1\\ a_{21}x_1+a_{22}x_2+\cdots+a_{2n}x_n=b_2\\ \cdots\\ a_{m1}x_1+a_{m2}x_2+\cdots+a_{mn}x_n=b_m\end{cases}$，分别称以下数表为该线性方程组的系数矩阵和增广矩阵：

系数矩阵 $\begin{bmatrix}a_{11} & a_{12} & \cdots & a_{1n}\\ a_{21} & a_{22} & \cdots & a_{2n}\\ \cdots & \cdots & \cdots & \cdots\\ a_{m1} & a_{m2} & \cdots & a_{mn}\end{bmatrix}$，增广矩阵 $\left[\begin{array}{cccc|c}a_{11} & a_{12} & \cdots & a_{1n} & b_1\\ a_{21} & a_{22} & \cdots & a_{2n} & b_2\\ \vdots & \vdots & \ddots & \vdots & \vdots\\ a_{m1} & a_{m2} & \cdots & a_{mn} & b_m\end{array}\right]$。

由定义可知，增广矩阵与线性方程组一一对应。

例 7.4　写出以下增广矩阵所对应的线性方程组。

1) $\left[\begin{array}{cccc|c} 2 & 1 & -1 & 0 & 2 \\ -1 & 0 & 1 & -1 & -1 \\ 3 & 1 & 2 & 1 & 0 \end{array}\right]$　　2) $\left[\begin{array}{ccc|c} 1 & -1 & -3 & 2 \\ 1 & 1 & 1 & 1 \\ 2 & -2 & -1 & 0 \\ 0 & 1 & 1 & 1 \end{array}\right]$

解

1) $\begin{cases} 2x_1+x_2-x_3=2 \\ -x_1+x_3-x_4=-1 \\ 3x_1+x_2+2x_3+x_4=0 \end{cases}$　　2) $\begin{cases} x_1-x_2-3x_3=2 \\ x_1+x_2+x_3=1 \\ 2x_1-2x_2-x_3=0 \\ x_2+x_3=1 \end{cases}$

根据例 7.3 可知，对线性方程组进行消元就是对增广矩阵进行化简，即对增广矩阵作初等行变换：

1)交换两行；

2)把某一行的倍数加到另一行上；

3)某一行乘以一个非零常数。

下面我们就用增广矩阵的方法来求解线性方程组。

例 7.5　解线性方程组 $\begin{cases} x_1-2x_2+x_3=-2 \\ 2x_1+x_2-3x_3=1 \\ -x_1+x_2-x_3=0 \end{cases}$。

解　线性方程所对应的增广矩阵为 $\left[\begin{array}{ccc|c} 1 & -2 & 1 & -2 \\ 2 & 1 & -3 & 1 \\ -1 & 1 & -1 & 0 \end{array}\right]$

对增广矩阵做初等变换：

$$\left[\begin{array}{ccc|c} 1 & -2 & 1 & -2 \\ 2 & 1 & -3 & 1 \\ -1 & 1 & -1 & 0 \end{array}\right] \to \left[\begin{array}{ccc|c} 1 & -2 & 1 & -2 \\ 0 & 5 & -5 & 5 \\ 0 & -1 & 0 & -2 \end{array}\right] \to \left[\begin{array}{ccc|c} 1 & -2 & 1 & -2 \\ 0 & 1 & 0 & 2 \\ 0 & 1 & -1 & 1 \end{array}\right]$$

$$\to \left[\begin{array}{ccc|c} 1 & -2 & 1 & -2 \\ 0 & 1 & 0 & 2 \\ 0 & 0 & 1 & 1 \end{array}\right] \to \left[\begin{array}{ccc|c} 1 & -2 & 0 & -3 \\ 0 & 1 & 0 & 2 \\ 0 & 0 & 1 & 1 \end{array}\right] \to \left[\begin{array}{ccc|c} 1 & 0 & 0 & 1 \\ 0 & 1 & 0 & 2 \\ 0 & 0 & 1 & 1 \end{array}\right]$$

故方程组的解为：$x_1=1, x_2=2, x_3=1$。

注：通过增广矩阵，首先是从形式上简化了线性方程组，并且形成了一种可计算机实现的算法。同时，在现代科技下的大量实际案例中需要求解大规模的线性方程组，因此，用增广矩阵的方法至少为计算机节省了大量的储存空间。进一步地，引入增广矩阵还为同解两个系数完全相同的线性方程组提供了思路，并促进了

矩阵论的发展。

例 7.6　求解线性方程组$\begin{cases} x_1-2x_2+x_3=-2 \\ 2x_1+x_2-3x_3=1 \\ -x_1+x_2-x_3=0 \end{cases}$和$\begin{cases} x_1-2x_2+x_3=1 \\ 2x_1+x_2-3x_3=2 \\ -x_1+x_2-x_3=-2 \end{cases}$。

解　两个线性方程组的系数矩阵完全一致，因此，我们把两个线性方程组的增广矩阵合为一个，得到矩阵$\left[\begin{array}{ccc:cc} 1 & -2 & 1 & -2 & 1 \\ 2 & 1 & -3 & 1 & 2 \\ -1 & 1 & -1 & 0 & -2 \end{array}\right]$。

对增广矩阵做初等变换：

$$\left[\begin{array}{ccc:cc} 1 & -2 & 1 & -2 & 1 \\ 2 & 1 & -3 & 1 & 2 \\ -1 & 1 & -1 & 0 & -2 \end{array}\right] \to \left[\begin{array}{ccc:cc} 1 & -2 & 1 & -2 & 1 \\ 0 & 1 & 0 & 2 & 1 \\ 0 & 1 & -1 & 1 & 0 \end{array}\right] \to \left[\begin{array}{ccc:cc} 1 & -2 & 1 & -2 & 1 \\ 0 & 1 & 0 & 2 & 1 \\ 0 & 0 & 1 & 1 & 1 \end{array}\right]$$

$$\to \left[\begin{array}{ccc:cc} 1 & 0 & 0 & 1 & 2 \\ 0 & 1 & 0 & 2 & 1 \\ 0 & 0 & 1 & 1 & 1 \end{array}\right]$$

故两个方程组的解分别为 $x_1=1, x_2=2, x_3=1$ 和 $x_1=2, x_2=1, x_3=1$。

习　题

1. 验证 $x_1=x_2=x_3=x_4=c$（c 是任意常数）是线性方程组

$$\begin{cases} 2x_1-3x_2+4x_3-3x_4=0 \\ 3x_1-x_2+11x_3-13x_4=0 \\ 4x_1+5x_2-7x_3-2x_4=0 \\ 13x_1-25x_2+x_3+11x_4=0 \end{cases}$$

的解。

2. 用增广矩阵求解以下线性方程组：

(1)$\begin{cases} 5x_1+4x_2=1 \\ 3x_1+2x_2=2 \end{cases}$；(2)$\begin{cases} x_1+2x_2+2x_3=1 \\ -x_1+2x_2+x_3=1 \\ 3x_1+3x_2+2x_3=1 \end{cases}$；(3)$\begin{cases} 2x_1+x_2-5x_3+x_4=8 \\ x_1-3x_2-6x_4=9 \\ 2x_2-x_3+2x_4=-5 \\ x_1+4x_2-7x_3+6x_4=0 \end{cases}$。

3. 已知线性方程组$\begin{cases} \lambda x_1+x_2+x_3=0 \\ x_1+\lambda x_2+x_3=0 \\ x_1+x_2+x_3=0 \end{cases}$只有唯一一个解 $x_1=0, x_2=0, x_3=0$，

求 λ 应满足的条件。

4. 用增广矩阵同时求解以下线性方程组：

$$\begin{cases} x_1+2x_2+2x_3=1 \\ -x_1+2x_2+x_3=1 \\ 3x_1+3x_2+2x_3=1 \end{cases} \text{和} \begin{cases} x_1+2x_2+2x_3=1 \\ -x_1+2x_2+x_3=2 \\ 3x_1+3x_2+2x_3=3 \end{cases}。$$

5. 试用增广矩阵求解线性方程组 $\begin{cases} x_1-2x_2+x_3=-2 \\ 2x_1+x_2-3x_3=1 \\ x_1+x_2-x_3=0 \\ x_1+3x_2-3x_3=3 \end{cases}$。

6. 试用增广矩阵判断以下线性方程组是否有解：

(1) $\begin{cases} x_1-2x_2+3x_3-x_4=1 \\ 3x_1-x_2+5x_3-3x_4=2 \\ 2x_1+x_2+2x_3-2x_4=3 \end{cases}$；　(2) $\begin{cases} x_1-x_2-x_3+x_4=0 \\ x_1-x_2+x_3-3x_4=1 \\ x_1-x_2-2x_3+3x_4=-\dfrac{1}{2} \end{cases}$。

7. 请分析用行列式和增广矩阵两种求解线性方程组的方法的优劣。

7.3* 线性方程组的应用

求解线性方程组的问题时常出现在科学研究和工程应用中，因此，线性方程组广泛应用于物理学、电子学、工程学、经济学、管理学、心理学等领域。下面我们先来求解一下《九章算术》中的问题。

例 7.7　今有上禾三秉，中禾二秉，下禾一秉，实三十九斗；上禾二秉，中禾三秉，下禾一秉，实三十四斗；上禾一秉，中禾二秉，下禾三秉，实二十六斗。问上、中、下禾实一秉各几何？

解　设上禾、中禾、下禾每秉各可得 x_1, x_2, x_3 斗米，则有

$$\begin{cases} 3x_1+2x_2+x_3=39 \\ 2x_1+3x_2+x_3=34 \\ x_1+2x_2+3x_3=26 \end{cases}$$

因为 $D=\begin{vmatrix} 3 & 2 & 1 \\ 2 & 3 & 1 \\ 1 & 2 & 3 \end{vmatrix}=12\neq 0$，所以由 7.1 节可知上述线性方程组有解。又因为

$$D_1=\begin{vmatrix} 39 & 2 & 1 \\ 34 & 3 & 1 \\ 26 & 2 & 3 \end{vmatrix}=111, D_2=\begin{vmatrix} 3 & 39 & 1 \\ 2 & 34 & 1 \\ 1 & 26 & 3 \end{vmatrix}=51, D=\begin{vmatrix} 3 & 2 & 39 \\ 2 & 3 & 34 \\ 1 & 2 & 26 \end{vmatrix}=33,$$

所以，上禾、中禾、下禾每秉各可得 $x_1=\frac{D_1}{D}=\frac{37}{4}, x_2=\frac{D_2}{D}=\frac{17}{4}, x_3=\frac{D_3}{D}=\frac{11}{4}$斗米。

例 7.8　假设一个原始社会的部落中主要有三种分工：种植、狩猎、手工，并且所有的商品实行物物交换。种植者通常把收获的农产品一半留给自己，另一半均分给狩猎者和手工者；狩猎者则把猎物留一半给自己，1/3 给种植者，1/6 给手工者；手工者把制品平均分给三家；这样就得到了一个实物交易系统。随着部落规模不断增大，实物交易系统显得非常繁杂，因此需要引入货币体系。假设这个简单的经济体系没有积累和债务，请给三种商品定价，从而公平地体现部落的实物交易系统。

解　根据题意假设这个简单的经济体系没有积累和债务，公平地反映实物交易系统就要求每个工种获得的产品价值等于生产的产品价值。

设农产品总价值为 x_1，猎物的总价值为 x_2，制品的总价值为 x_3，就得到以下方程组：

$$\begin{cases}\frac{1}{2}x_1+\frac{1}{3}x_2+\frac{1}{3}x_3=x_1\\ \frac{1}{4}x_1+\frac{1}{2}x_2+\frac{1}{3}x_3=x_2\\ \frac{1}{4}x_1+\frac{1}{6}x_2+\frac{1}{3}x_3=x_3\end{cases}$$

移项可得如下线性方程组：

$$\begin{cases}-\frac{1}{2}x_1+\frac{1}{3}x_2+\frac{1}{3}x_3=0\\ \frac{1}{4}x_1-\frac{1}{2}x_2+\frac{1}{3}x_3=0\\ \frac{1}{4}x_1+\frac{1}{6}x_2-\frac{2}{3}x_3=0\end{cases}$$

将该线性方程组的增广矩阵通过初等行变换化简为：$\left[\begin{array}{ccc:c}1 & 0 & -\frac{5}{3} & 0\\ 0 & 1 & -\frac{3}{2} & 0\\ 0 & 0 & 0 & 0\end{array}\right]$。于是得到 x_1, x_2, x_3 满足以下比例关系：$x_1:x_2:x_3=10:9:6$。

例 7.9　根据下面的电路图确定各分支的电流。

解　根据基尔霍夫关于电流和电压的定律：

- 所有进入某节点的电流的总和等于所有离开这节点的电流的总和。
- 沿着闭合回路所有元件两端的电压的代数和等于零。

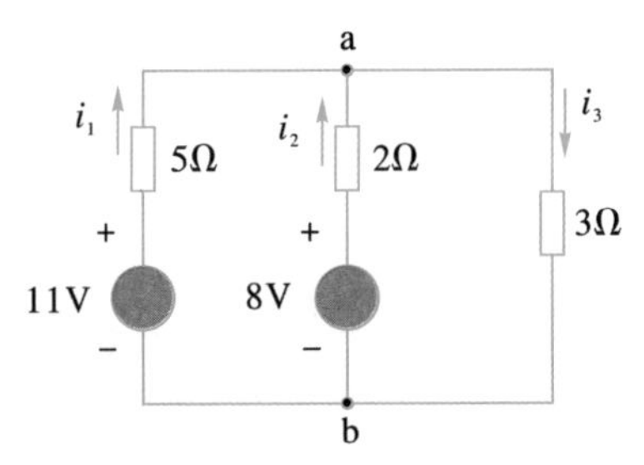

计算节点 a 或 b 的电流，可以得到：$i_1+i_2-i_3=0$。

再根据外圈和右边的回路中的电压关系可得：$5i_1+3i_3=11$，$2i_2+3i_3=8$。

于是，得到线性方程组$\begin{cases} i_1+i_2-i_3=0 \\ 5i_1+3i_3=11 \\ 2i_2+3i_3=8 \end{cases}$。

利用行列式或增广矩阵解得：$i_1=1$，$i_2=1$，$i_3=2$。

习　题

1. 求经过(1,1)、(2,2)和(3,5)三点的二次曲线 $y=ax^2+bx+c$。

2. 已知平面 $ax+by+cz=1$ 经过三点(1,1,1)、(−1,0,2)和(0,1,−1)，求该平面方程。

3. 请配平下列化学方程式：

(1)$Fe_2O_3+Al \rightarrow Al_2O_3+Fe$

(2)$CH_3COF+H_2O \rightarrow CH_3COOH+HF$

(3)$KMnO_4+MnSO_4+H_2O \rightarrow MnO_2+K_2SO_4+H_2SO_4$

4. 下图显示是一个单行道交通图，车辆按指示方向行驶。流量以每小时的平均车辆数量计算。请求出各道路流量的一般关系，使得所有道路交通畅通。

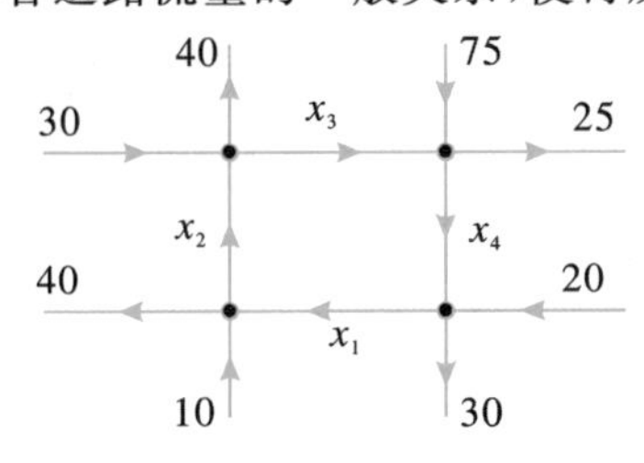

第八章　复数与向量

8.1　复数与向量平面

本章将对复数和平面向量进行介绍。在此之前，首先介绍数的发展。我们一直说数学来源于生活，因此由计数的需要，引进自然数；又为了解决被减数小于减数的问题和表示具有相反意义的量等问题，引进负数；为了除法的需要，引进有理数；为了解决有理数的开方问题以及某些几何量不是有理数，引进实数；而后，为了解决负数不能开方的问题，引进复数。那为什么会涉及负数开方呢？这源于解代数方程的需要。在初等数学中，方程 $x^2+1=0$ 在实数范围内，是无解的，为此人们引进一个新数 i，并规定 $i^2=-1$，从而使得方程 $x^2+1=0$ 有解。下面对复数进行详细介绍。

(一)复数的基本概念

定义 8.1.1　对于任意两个实数 x、y，我们称 $z=x+iy$ 为复数。x 称为 z 的实部，记为 $\mathrm{Re}(z)$；y 称为 z 的虚部，记为 $\mathrm{Im}(z)$；i 称为虚数单位，且满足 $i^2=-1$。复数的全体所组成的集合称为复数集，记为 $\mathbf{C}=\{x+iy \mid x,y\in\mathbf{R}\}$。

特别地，当 $\mathrm{Im}(z)=0$ 时，复数 $z=x+i0$ 是实数 x，由此我们得出 $\mathbf{R}\subset\mathbf{C}$；当 $\mathrm{Re}(z)=0$ 时，复数 $z=0+iy=iy$，此时称复数 z 为纯虚数。对于任意的两个复数 z_1、z_2，$z_1=z_2$ 当且仅当 $\mathrm{Re}(z_1)=\mathrm{Re}(z_2)$，$\mathrm{Im}(z_1)=\mathrm{Im}(z_2)$。因此一个复数 z 等于 0，当且只当实部和虚部同时等于 0。

定义 8.1.2　设 $z_1=x_1+iy_1$，$z_2=x_2+iy_2$，则两个复数的加法、减法和乘法定义如下：

1)加法：$z_1+z_2=(x_1+x_2)+i(y_1+y_2)$；

2)减法：$z_1-z_2=(x_1-x_2)+i(y_1-y_2)$；

3)乘法：$z_1\cdot z_2=(x_1x_2-y_1y_2)+i(x_1y_2+x_2y_1)$。

关于加法、减法和乘法的定义,相当于将复数看作关于 i 的一次多项式作形式的加减法和乘法,并在乘积的结果中将i^2替换为-1。以乘法为例:

$$z_1 \cdot z_2=(x_1+\mathrm{i}y_1)\cdot(x_2+\mathrm{i}y_2)=x_1x_2+\mathrm{i}x_1y_2+\mathrm{i}y_1x_2+\mathrm{i}^2y_1y_2$$
$$=(x_1x_2-y_1y_2)+\mathrm{i}(x_1y_2+x_2y_1)$$

我们可以将除法看作乘法的逆运算,则称满足 $z_2\cdot z=z_1(z_2\neq 0)$的复数 $z=x+\mathrm{i}y$ 为 z_1除以 z_2的商,记作 $z=\frac{z_1}{z_2}$。令 $z_1=x_1+\mathrm{i}y_1, z_2=x_2+\mathrm{i}y_2$,由定义,有:$(x_2+\mathrm{i}y_2)(x+\mathrm{i}y)=x_1+\mathrm{i}y_1$。左边根据乘法计算,得等式为:$(x_2x-y_2y)+\mathrm{i}(x_2y+xy_2)=x_1+\mathrm{i}y_1$,所以:$\begin{cases}x_2x-y_2y=x_1\\x_2y+xy_2=y_1\end{cases}$。求解方程组,得:$\begin{cases}x=\dfrac{x_1x_2+y_1y_2}{x_2^2+y_2^2}\\y=\dfrac{x_2y_1-x_1y_2}{x_2^2+y_2^2}\end{cases}$。所以 $z=\frac{z_1}{z_2}$的表达式为:

$$z=\frac{z_1}{z_2}=\frac{x_1+\mathrm{i}y_1}{x_2+\mathrm{i}y_2}=\frac{x_1x_2+y_1y_2}{x_2^2+y_2^2}+\mathrm{i}\,\frac{x_2y_1-x_1y_2}{x_2^2+y_2^2}$$

上式也可以认为是对$\frac{x_1+\mathrm{i}y_1}{x_2+\mathrm{i}y_2}$的分母实数化得到。这指的是:

$$z=\frac{z_1}{z_2}=\frac{x_1+\mathrm{i}y_1}{x_2+\mathrm{i}y_2}=\frac{(x_1+\mathrm{i}y_1)(x_2-\mathrm{i}y_2)}{(x_2+\mathrm{i}y_2)(x_2-\mathrm{i}y_2)}=\frac{(x_1x_2+y_1y_2)+\mathrm{i}(x_2y_1-x_1y_2)}{x_2^2+y_2^2}$$
$$=\frac{x_1x_2+y_1y_2}{x_2^2+y_2^2}+\mathrm{i}\,\frac{x_2y_1-x_1y_2}{x_2^2+y_2^2}$$

对分母实数化就是分母乘以 $x_2-\mathrm{i}y_2$ 的原因,在紧接着的共轭复数概念中会找到答案。

例 8.1　化简$\frac{1}{\mathrm{i}}+\frac{2}{1+\mathrm{i}}$。

解　$\frac{1}{\mathrm{i}}+\frac{2}{1+\mathrm{i}}=\frac{-\mathrm{i}}{\mathrm{i}(-\mathrm{i})}+\frac{2(1-\mathrm{i})}{(1+\mathrm{i})(1-\mathrm{i})}=-\mathrm{i}+1-\mathrm{i}=1-2\mathrm{i}$。

例 8.2　计算 $\mathrm{i}^8-3\mathrm{i}^3+2\mathrm{i}^2$。

解　根据定义 $\mathrm{i}^2=-1$,上式$=(\mathrm{i}^2)^4-3\mathrm{i}\mathrm{i}^2+2\mathrm{i}^2=(-1)^4-3\mathrm{i}(-1)+2(-1)=-1+3\mathrm{i}$。

定义 8.1.3　实部相等、虚部绝对值相等但符号相反的两个复数称为共轭复数。如果其中一个复数为 $z=x+\mathrm{i}y$,其共轭复数记为$\bar{z}$,即$\bar{z}=x-\mathrm{i}y$。

根据定义,共轭复数有如下**性质**:

1)$\bar{\bar{z}}=z$。特别地,实数的共轭复数是其本身;反之,如果 $z=\bar{z}$,则复数 z 为实数。

2) $\overline{z_1 \pm z_2} = \bar{z}_1 \pm \bar{z}_2$；$\overline{z_1 \cdot z_2} = \bar{z}_1 \cdot \bar{z}_2$；$\overline{\left(\frac{z_1}{z_2}\right)} = \frac{\bar{z}_1}{\bar{z}_2}$。

3) $z \cdot \bar{z} = [\mathrm{Re}(z)]^2 + [\mathrm{Im}(z)]^2$。

4) $z + \bar{z} = 2\mathrm{Re}(z)$，$z - \bar{z} = 2\mathrm{i}\,\mathrm{Im}(z)$。

下面来证明$\overline{\left(\frac{z_1}{z_2}\right)} = \frac{\bar{z}_1}{\bar{z}_2}$。

$$\overline{\left(\frac{z_1}{z_2}\right)} = \overline{\frac{x_1x_2 + y_1y_2}{x_2^2 + y_2^2} + \mathrm{i}\frac{x_2y_1 - x_1y_2}{x_2^2 + y_2^2}} = \frac{x_1x_2 + y_1y_2}{x_2^2 + y_2^2} - \mathrm{i}\frac{x_2y_1 - x_1y_2}{x_2^2 + y_2^2}$$

$$\frac{\bar{z}_1}{\bar{z}_2} = \frac{x_1 - \mathrm{i}y_1}{x_2 - \mathrm{i}y_2} = \frac{(x_1 - \mathrm{i}y_1)(x_2 + \mathrm{i}y_2)}{(x_2 - \mathrm{i}y_2)(x_2 + \mathrm{i}y_2)} = \frac{(x_1x_2 + y_1y_2) - \mathrm{i}(x_2y_1 - x_1y_2)}{x_2^2 + y_2^2}$$

$$= \frac{x_1x_2 + y_1y_2}{x_2^2 + y_2^2} - \mathrm{i}\frac{x_2y_1 - x_1y_2}{x_2^2 + y_2^2}$$

故$\overline{\left(\frac{z_1}{z_2}\right)} = \frac{\bar{z}_1}{\bar{z}_2}$

(二)复数的几何表示

1. 复数与平面上一点的关系

任取平面上一点，记作 O，过 O 点构建平面直角坐标系如图 8-1 所示。

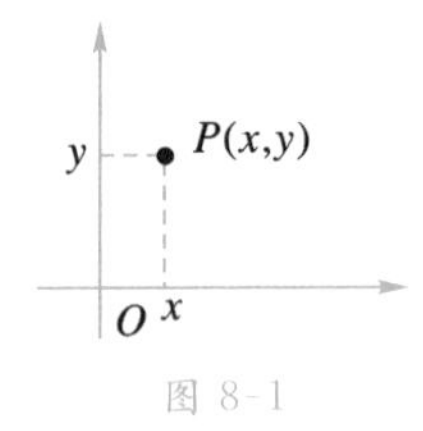

图 8-1

任意复数 z 由其实部 x 和虚部 y 唯一确定，因此复数 z 和有序实数对 (x,y) 之间建立一一对应关系；另一方面，平面上任意点 P 由横坐标 x 和纵坐标 y 唯一确定，即点 P 和有序实数对 (x,y) 之间一一对应。从而复数 $z=x+\mathrm{i}y$ 可以用 P 点坐标 (x,y) 来表示，并且把"点 z"作为"数 z"的同义词。进而复数的全体与平面上点的全体构成一一对应关系，此时相应地 x 轴称为实轴，y 轴称为虚轴，平面称为复平面或 z 平面。

2. 复数与平面向量的对应关系

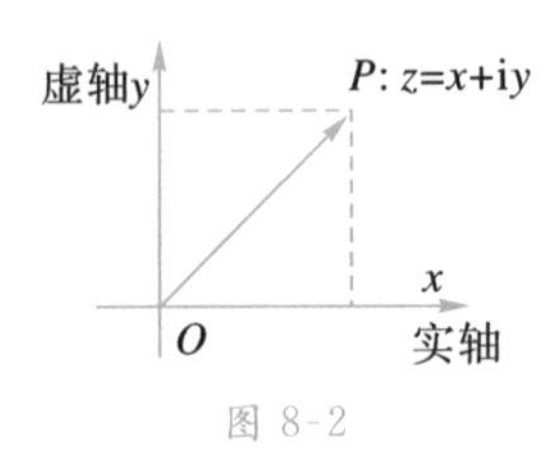

图 8-2

由上可知，复数 z 与平面上的点 P 一一对应；而点 P 又与起始于原点终止于该点的有向线段(即向量)$\boldsymbol{OP}$ 是一一对应的，即复平面上的点与平面上的向量也是一一对应的。因此复数 z 能用向量 $\boldsymbol{OP}$ 来表示。我们称向量的长度称为 z 的模或绝对值，记作 $|z|=r=\sqrt{x^2+y^2}$。

把复数看作向量，则既有大小，又有方向，因此两个复数如果不都是实数，就无法比较大小。

定义模为 $+\infty$ 的复数为复数 ∞，称包括 ∞ 的复平面称为扩充复平面，记为 $\overline{\mathbf{C}}$。

由模的定义，可知：$z\cdot\bar{z}=x^2+y^2=|z|^2$。

例 8.3　证明 $|z_1+z_2|^2+|z_1-z_2|^2=2(|z_1|^2+|z_2|^2)$。

证　$|z_1+z_2|^2=(z_1+z_2)(\overline{z_1+z_2})$

$$=(z_1+z_2)(\bar{z}_1+\bar{z}_2)$$

$$=z_1\bar{z}_1+z_1\bar{z}_2+\bar{z}_1z_2+z_2\bar{z}_2$$

$$=|z_1|^2+|z_2|^2+(z_1\bar{z}_2+\bar{z}_1z_2)。$$

同理：$|z_1-z_2|^2=|z_1|^2+|z_2|^2-(z_1\bar{z}_2+\bar{z}_1z_2)$。

两式相加，得 $|z_1+z_2|^2+|z_1-z_2|^2=2(|z_1|^2+|z_2|^2)$。

请读者思考这个等式的几何意义。

定义 8.1.4　$z\neq0$ 时，以正实轴为始边，以表示 z 的向量 $\boldsymbol{OP}$ 为终边的角的弧度数 θ 称为 z 的辐角，记作 $\mathrm{Arg}z=\theta$。

由辐角的定义有：$\tan(\mathrm{Arg}z)=\dfrac{y}{x}$；任何一个复数 $z\neq0$ 有无穷多个辐角，相互之间相差 2π 的整数倍。我们把取值在 $(-\pi,\pi]$ 的辐角称为辐角主值，记为 $\arg z$，那么有：$\mathrm{Arg}z=\arg z+2k\pi$，$k$ 为任意整数。

特别地，由于复数零是一个点，**规定复数零的辐角是任意的；复数 ∞ 的辐角无意义**。

当复数 z 的模长为 $|z|$、辐角为 θ 时，$|z|$ 和 $-\theta$ 分别为其共轭复数 $\bar{z}$ 的模长和辐角。

3. 复数的三角表示式及指数表示式

利用直角坐标和极坐标的关系：$x=r\cos\theta$，$y=r\sin\theta$，复数 z 可以表示为：

$$z=x+\mathrm{i}y=r(\cos\theta+\mathrm{i}\sin\theta)$$

称为复数的三角表示式，这里 r 为复数 z 的模，θ 为复数 z 的辐角。再由欧拉(Euler)公式：$\mathrm{e}^{\mathrm{i}\theta}=\cos\theta+\mathrm{i}\sin\theta$，复数 z 又可以表示为：

$$z=r(\cos\theta+\mathrm{i}\sin\theta)=r\,\mathrm{e}^{\mathrm{i}\theta}$$

称为复数的指数表示式。

复数的一般表示式、三角表示式、指数表示式可以相互转换，以适应讨论不同问题时的需要。

例 8.4　将复数 $z=-1-\mathrm{i}$ 写为三角形式并求其辐角主值。

解　根据定义，$|z|=\sqrt{(-1)^2+(-1)^2}=\sqrt{2}$。由于 z 在第三象限，且 $\tan\theta=\frac{-1}{-1}=1$，所以辐角主值 $\theta=\arctan1-\pi=-\frac{3}{4}\pi$。因此，$z$ 的三角表示式为：

$$z=\sqrt{2}\left[\cos\left(-\frac{3}{4}\pi\right)+\mathrm{i}\sin\left(-\frac{3}{4}\pi\right)\right]$$

例 8.5　一个复数乘以 i，它的模和幅角有何改变？

解　因为要求模和幅角的变化，所以令 $z=r(\cos\theta+\mathrm{i}\sin\theta)$。由 $\mathrm{i}=\cos\frac{\pi}{2}+\mathrm{i}\sin\frac{\pi}{2}$，由乘法原理，有：

$$\begin{aligned}z\mathrm{i}&=r(\cos\theta+\mathrm{i}\sin\theta)\left(\cos\frac{\pi}{2}+\mathrm{i}\sin\frac{\pi}{2}\right)\\&=r\left[\left(\cos\theta\cos\frac{\pi}{2}-\sin\theta\sin\frac{\pi}{2}\right)+\mathrm{i}\left(\cos\theta\sin\frac{\pi}{2}+\sin\theta\cos\frac{\pi}{2}\right)\right]\end{aligned}$$

根据三角函数积化和差公式，有：

$$z\mathrm{i}=r\left[\cos\left(\theta+\frac{\pi}{2}\right)+\mathrm{i}\sin\left(\theta+\frac{\pi}{2}\right)\right]$$

可得结论：复数 z 乘以 i，它的模不变，幅角增加 $\frac{\pi}{2}$。

4. 欧拉公式

公式 $\mathrm{e}^{\mathrm{i}\theta}=\cos\theta+\mathrm{i}\sin\theta$ 称为欧拉公式，它建立了三角函数与指数函数之间的联系，从而所有的三角函数问题都可以转化为指数函数问题加以解决。

特别地，令 $\theta=\pi$，有：$\mathrm{e}^{\mathrm{i}\pi}+1=0$。它将数学中最重要的五个常数(e，π，i，1，0)联系在一起。

1. 求下列复数 z 的实部和虚部、模与辐角。

(1) $\frac{1}{3+2\mathrm{i}}$；　　(2) $\frac{(3+4\mathrm{i})(2-5\mathrm{i})}{2\mathrm{i}}$；

(3) $-\mathrm{i}^8-4\mathrm{i}^{21}+\mathrm{i}$。

2. 当 x、y 等于什么实数时，等式 $\frac{x+1+\mathrm{i}(y-3)}{5+3\mathrm{i}}=1+\mathrm{i}$ 成立？

3. 将下列复数化为三角表示式和指数表示式：

1) i；　2) -1；　3) $1+\sqrt{3}\mathrm{i}$；　4) $1+\sin\alpha+\mathrm{i}\cos\alpha$。

4. 设 $z_1=x_1+\mathrm{i}y_1, z_2=x_2+\mathrm{i}y_2$，为两个任意复数，证明 $z_1\bar{z}_2+\bar{z}_1z_2=2\mathrm{Re}(z_1\bar{z}_2)$。

5. 设 z_1、z_2 为两个任意复数，证明：$|z_1\bar{z}_2|=|z_1||z_2|$。

6. 设 z_1、z_2 为两个任意复数，证明：$\left|\frac{z_1}{z_2}\right|=\frac{|z_1|}{|z_2|}$；并计算 $\left|\frac{(3+\mathrm{i})(2-\mathrm{i})}{(3-\mathrm{i})(2+\mathrm{i})}\right|$。

7. 若 $z^2=(\bar{z})^2$，则 z 必为实数或纯虚数。

8. 求实数 a 和 b，使得 $z_1=2-\sqrt{3}a+\mathrm{i}a, z_2=\sqrt{3}b-1+\mathrm{i}(\sqrt{3}-b)$ 的模相等，并且 $\arg\frac{z_2}{z_1}=-\frac{\pi}{2}$。

9. 如果 $|z|=1$，试证对任何复数 a 与 b，由 $\left|\frac{az+b}{\bar{b}z+\bar{a}}\right|=1$。

10. 讨论下列方程确定的图形：(1) $|z|=1$；(2) $|z-\mathrm{i}|=|z-1|$；(3) $\mathrm{Im}z^2=2$。

11. 讨论方程 $|z-3|+|z-\mathrm{i}|=a$ 确定的图形，其中：(1) $a=4$；(2) $a=\sqrt{10}$；(3) $a=3$。

12. 设 z_1, z_2, z_3 三点满足条件：$z_1+z_2+z_3=0, |z_1|=|z_2|=|z_3|=1$。证明：$z_1, z_2, z_3$ 是内接于单位圆 $|z|=1$ 的正三角形的顶点。

8.2　空间向量与 n 维向量

(一)向量的基本概念

既有大小又有方向的量称为向量(矢量)。大家熟悉的位移、速度、力等都是既有大小又有方向的量，因此可以用向量来表示。在数学上，常用一条有方向的线段来表示向量。以 M_1 为起点、M_2 为终点的有向线段来表示的向量记作 $\boldsymbol{M_1M_2}$，有时也用 $\boldsymbol{a}$ 来表示向量。有向线段的长度即为向量的大小，称为向量的模，记作 $|\boldsymbol{M_1M_2}|$ 或 $|\boldsymbol{a}|$。特别地，模为 1 的向量称为单位向量，记作 $\boldsymbol{e}$ 或 $\boldsymbol{a}^0$；模为 0 的向量称为零向量，记作 $\boldsymbol{0}$。$\boldsymbol{0}$ 因为起点终点重合，即为一个点，所以约定它的方向是任意的。

与起点无关的向量称为自由向量(简称向量)。在数学上我们一般研究自由向量。

若向量 $\boldsymbol{a}$、$\boldsymbol{b}$ 大小相等、方向相同，则称 $\boldsymbol{a}$、$\boldsymbol{b}$ 相等，记作 $\boldsymbol{a}=\boldsymbol{b}$。

若向量 $\boldsymbol{a}$、$\boldsymbol{b}$ 方向相同或相反，则称 $\boldsymbol{a}$、$\boldsymbol{b}$ 平行，记作 $\boldsymbol{a}\parallel\boldsymbol{b}$，且规定零向量与任何

向量平行。因平行向量可平移到同一直线上,故两向量平行又称共线。

与向量 $\boldsymbol{a}$ 的模相等、方向相反的向量称为 $\boldsymbol{a}$ 的负向量,记作 $-\boldsymbol{a}$。

若 $k(\geqslant 3)$ 个向量经平移可移到同一个平面上,则称此 k 个向量共面。

设有两个非零向量 $\boldsymbol{a}$、$\boldsymbol{b}$,任取空间一点 O,作 $\boldsymbol{OA}=\boldsymbol{a}$,$\boldsymbol{OB}=\boldsymbol{b}$,则称 $\varphi=\angle AOB$ $(0\leqslant\varphi\leqslant\pi)$ 为向量 $\boldsymbol{a}$、$\boldsymbol{b}$ 的夹角,记作 $(\widehat{\boldsymbol{a},\boldsymbol{b}})=\varphi$。如果 $(\widehat{\boldsymbol{a},\boldsymbol{b}})=0$ 或 π,就称向量 $\boldsymbol{a}$、$\boldsymbol{b}$ 平行;如果 $(\widehat{\boldsymbol{a},\boldsymbol{b}})=\frac{\pi}{2}$,就称向量 $\boldsymbol{a}$、$\boldsymbol{b}$ 垂直,记作 $\boldsymbol{a}\perp\boldsymbol{b}$。特别地,因为零向量的方向是任意的,所以零向量与任何向量都平行,也都垂直。

(二)空间向量

空间一点 P 和它的坐标 (x,y,z) 之间一一对应。另外以原点为起点、P 点为终点的向量 $\boldsymbol{OP}$ 与点 P 之间也是一一对应。由此建立了向量 $\boldsymbol{OP}$ 和坐标 (x,y,z) 间的对应关系,并且可以将向量 $\boldsymbol{OP}$ 用坐标 (x,y,z) 表示,即 $\boldsymbol{OP}=(x,y,z)$。

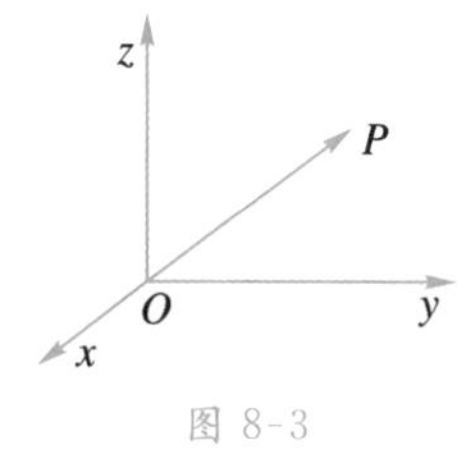

图 8-3

进一步,有:若起点 $M_1(x_1,y_1,z_1)$,终点 $M_2(x_2,y_2,z_2)$,则向量 $\boldsymbol{M_1M_2}$ 为

$$\boldsymbol{M_1M_2}=(x_2-x_1,y_2-y_1,z_2-z_1)$$

向量 $\boldsymbol{M_1M_2}$ 如上所示,其模即两点间距离,所以

$$|\boldsymbol{M_1M_2}|=\sqrt{(x_2-x_1)^2+(y_2-y_1)^2+(z_2-z_1)^2}$$

下面我们来看三个特殊向量:

$$\boldsymbol{i}=(1,0,0),\boldsymbol{j}=(0,1,0),\boldsymbol{k}=(0,0,1)$$

三者都是单位向量,分别同三个坐标轴的正方向同向。若已知点 O 以及三个向量 $\boldsymbol{i}$、$\boldsymbol{j}$、$\boldsymbol{k}$,那么空间坐标系就确定了,如图 8-4 所示。

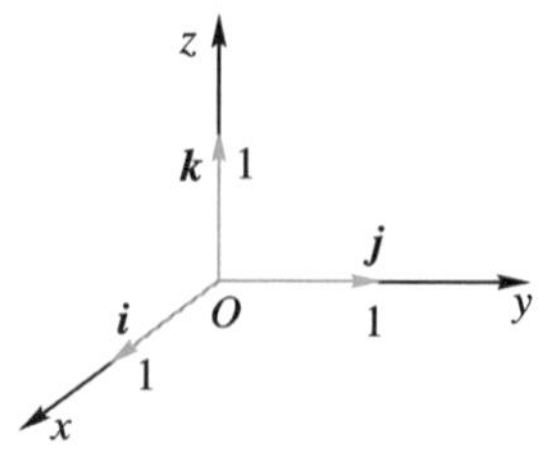

图 8-4

(三)n 维向量

n 维向量在不同的数学领域，有不同的称呼。例如在线性代数中，称其为行向量。此处我们统一称为 n 维向量。下面介绍 n 维向量的有关基本概念。

n 维向量 $\boldsymbol{OP}$ 就是由 n 个数 $x_1, x_2, \cdots, x_n$ 组成的有序数组，即

$$\boldsymbol{OP}=(x_1, x_2, \cdots, x_n)$$

若起点 $M_1(x_1, \cdots, x_n)$，终点 $M_2(y_1, \cdots, y_n)$，则 n 维向量 $\boldsymbol{M_1M_2}$ 为

$$\boldsymbol{M_1M_2}=(y_1-x_1, \cdots, y_n-x_n)$$

n 维向量 $\boldsymbol{M_1M_2}$ 的模为

$$|\boldsymbol{M_1M_2}|=\sqrt{(y_1-x_1)^2+\cdots+(y_n-x_n)^2}$$

特别地，$\mathbf{0}=(0,0,\cdots,0)$ 称为 n 维零向量。

所有 n 维向量构成 n 维空间，记为 $\mathbf{R}^n=\{(x_1, x_2, \cdots, x_n) \mid x_i\in\mathbf{R}, i=1,2,\cdots,n\}$。我们所熟知的平面其实就是 2 维空间，表示为 $\mathbf{R}^2=\{(x,y) \mid x\in\mathbf{R}, y\in\mathbf{R}\}$；我们所处的空间是 3 维空间，表示为 $\mathbf{R}^3=\{(x,y,z) \mid x\in\mathbf{R}, y\in\mathbf{R}, z\in\mathbf{R}\}$。

习　题

1. 已知两点 $M_1(0,1,2)$、$M_2(1,-1,0)$，试求空间向量 $\boldsymbol{M_1M_2}$ 及其模。

2. 试证明以三点 $A(1,2,3)$、$B(2,3,1)$、$C(3,1,2)$ 为顶点的三角形是等边三角形。

3. 求平行于向量 $\boldsymbol{a}=(6,7,-6)$ 的单位向量。

4. 在平行四边形 $ABCD$ 中，设 $\boldsymbol{AB}=\boldsymbol{a}$，$\boldsymbol{AD}=\boldsymbol{b}$。试用 $\boldsymbol{a}$ 和 $\boldsymbol{b}$ 表示向量 $\boldsymbol{MA}$、$\boldsymbol{MB}$、$\boldsymbol{MC}$ 和 $\boldsymbol{MD}$，其中 M 是平行四边形对角线的交点。

5. 在 z 轴上求与两点 $A(1,1,1)$ 和 $B(3,2,4)$ 等距离的点。

6. 已知向量 $\boldsymbol{a}=(1,1)$，求 $-\boldsymbol{a}$，并说出两者之间的关系。

7. 说明三个向量 $\boldsymbol{i}=(1,0,0)$、$\boldsymbol{j}=(0,1,0)$、$\boldsymbol{k}=(0,0,1)$ 的关系，并试着说明这三个向量的特殊性。

8.3 向量的运算

(一)加法

一般形式下：

1)平行四边形法则：仿照力学上求合力的平行四边形法则，有向量相加的平行四边形法则，即：当向量 $\boldsymbol{a}$ 与 $\boldsymbol{b}$ 不平行时，作 $\boldsymbol{AB}=\boldsymbol{a}$，$\boldsymbol{AD}=\boldsymbol{b}$，以 AB、AD 为边作一平行四边形 $ABCD$，连接对角线 AC，向量 $\boldsymbol{AC}$ 即为向量 $\boldsymbol{a}$ 与 $\boldsymbol{b}$ 的和 $\boldsymbol{a}+\boldsymbol{b}$。如图 8-5 所示。

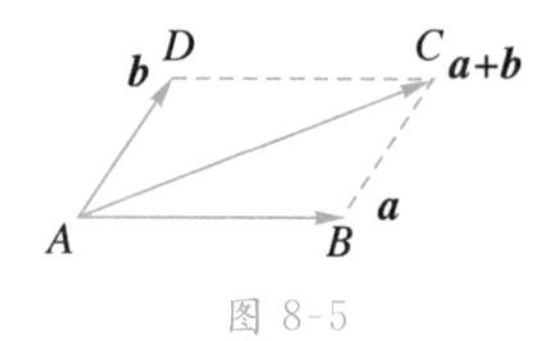

图 8-5

2)三角形法则：设有向量 $\boldsymbol{a}$ 与 $\boldsymbol{b}$，任取一点 A，作 $\boldsymbol{AB}=\boldsymbol{a}$，再以 B 为起点，作 $\boldsymbol{BC}=\boldsymbol{b}$，连接 AC，那么向量 $\boldsymbol{AC}=\boldsymbol{c}$ 称为向量 $\boldsymbol{a}$ 与 $\boldsymbol{b}$ 的和，记作 $\boldsymbol{c}=\boldsymbol{a}+\boldsymbol{b}$。如图 8-6 所示。

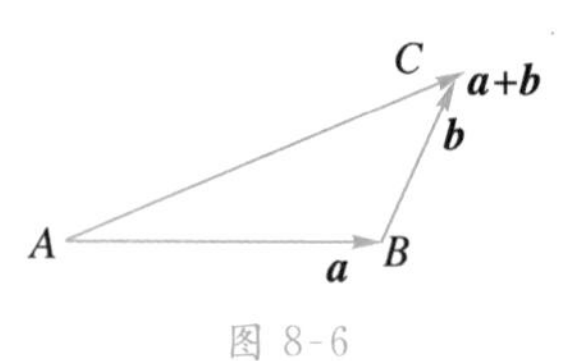

图 8-6

$k(k\geqslant 3)$个向量也可以用如上两种方法来计算，但一般用的三角形法则，具体如图 8-7 所示。

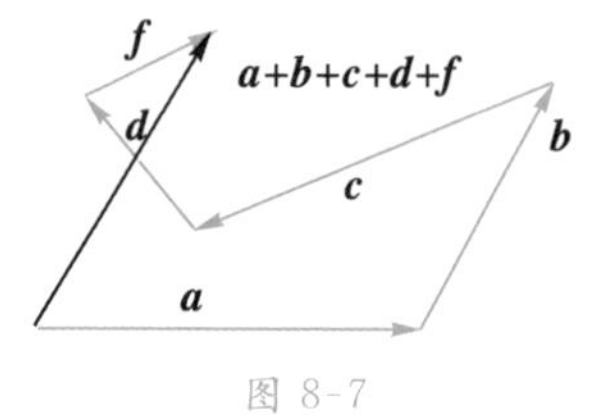

图 8-7

按照向量加法的规则，易见加法满足如下运算规则：

1)交换律：$\boldsymbol{a}+\boldsymbol{b}=\boldsymbol{b}+\boldsymbol{a}$；

2)结合律：$(\boldsymbol{a}+\boldsymbol{b})+\boldsymbol{c}=\boldsymbol{a}+(\boldsymbol{b}+\boldsymbol{c})=\boldsymbol{a}+\boldsymbol{b}+\boldsymbol{c}$。

结合向量模的概念，以及三角形两边之和大于第三边，我们有不等式：

$$|\boldsymbol{a}|+|\boldsymbol{b}|\geqslant|\boldsymbol{a}+\boldsymbol{b}|$$

此不等式称为三角不等式。

若向量以坐标形式给出，即 $\boldsymbol{a}=(a_x,a_y,a_z)$，$\boldsymbol{b}=(b_x,b_y,b_z)$，则

$$\boldsymbol{a}+\boldsymbol{b}=(a_x+b_x,a_y+b_y,a_z+b_z)$$

(二)减法

一般形式下，我们规定两个向量 $\boldsymbol{b}$ 与 $\boldsymbol{a}$ 的差为：$\boldsymbol{b}-\boldsymbol{a}=\boldsymbol{b}+(-\boldsymbol{a})$，因此 $\boldsymbol{b}$ 与 $\boldsymbol{a}$ 的差可以通过 $\boldsymbol{b}$ 与 $-\boldsymbol{a}$ 的和来求得(见图 8-8)。正是因为减法和加法的这种关系，加法中的交换律、结合律在减法中也成立。

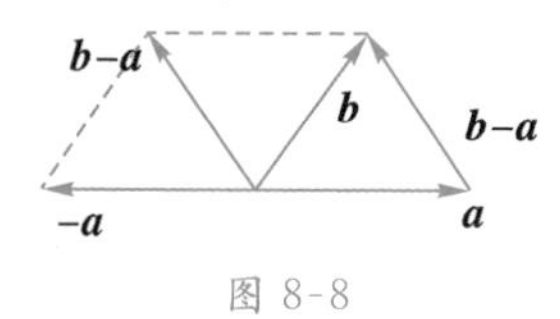

图 8-8

坐标形式下，设 $\boldsymbol{a}=(a_x,a_y,a_z)$，$\boldsymbol{b}=(b_x,b_y,b_z)$，则

$$\boldsymbol{a}-\boldsymbol{b}=(a_x-b_x,a_y-b_y,a_z-b_z)$$

例 8.6　在 8.1 节中我们已经了解到 $|\boldsymbol{a}+\boldsymbol{b}|^2+|\boldsymbol{a}-\boldsymbol{b}|^2=2(|\boldsymbol{a}|^2+|\boldsymbol{b}|^2)$，在本节中，根据向量的加减法运算可知，$\boldsymbol{a}+\boldsymbol{b}$、$\boldsymbol{a}-\boldsymbol{b}$ 分别表示以 $\boldsymbol{a}$、$\boldsymbol{b}$ 为邻边的平行四边形的对角线向量，所以等式的几何意义为平行四边形的对角线长度的平方和等于四条边长度的平方和。

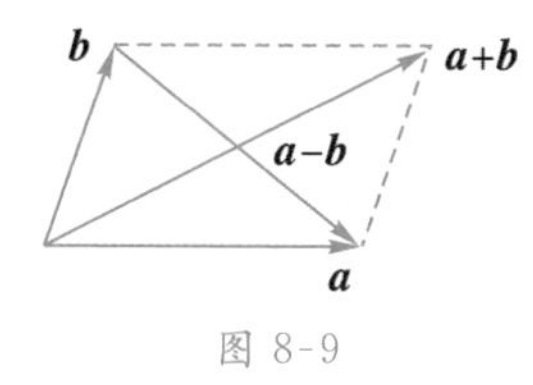

图 8-9

(三)数乘

设 λ 是一个实数，$\boldsymbol{a}$ 是一个向量，则 λ 与 $\boldsymbol{a}$ 的乘积是一个新向量，这个新向量称为 λ 与 $\boldsymbol{a}$ 的数乘，记作 $\lambda\boldsymbol{a}$。分别有以下三种情况：

当 $\lambda>0$ 时，$\lambda\boldsymbol{a}$ 与 $\boldsymbol{a}$ 同向，$|\lambda\boldsymbol{a}|=\lambda|\boldsymbol{a}|$；

当 $\lambda<0$ 时，$\lambda\boldsymbol{a}$ 与 $\boldsymbol{a}$ 反向，$|\lambda\boldsymbol{a}|=-\lambda|\boldsymbol{a}|$；

当 $\lambda=0$ 时，$\lambda\boldsymbol{a}=\boldsymbol{0}$。

向量与数的乘积符合下列运算规律：

1)结合律：$\lambda(\mu\boldsymbol{a})=\mu(\lambda\boldsymbol{a})=\lambda\mu\boldsymbol{a}$；

2)分配律：$(\lambda+\mu)\boldsymbol{a}=\lambda\boldsymbol{a}+\mu\boldsymbol{a}$；

$\lambda(\boldsymbol{a}+\boldsymbol{b})=\lambda\boldsymbol{a}+\lambda\boldsymbol{b}$。

若向量以坐标形式给出，即 $\boldsymbol{a}=(a_x,a_y,a_z)$，则 $\lambda\boldsymbol{a}=(\lambda a_x,\lambda a_y,\lambda a_z)$。

例 8.5　求证：任一向量 $\boldsymbol{r}=(x,y,z)=x\boldsymbol{i}+y\boldsymbol{j}+z\boldsymbol{k}$。

证　
$$
\begin{aligned}
x\boldsymbol{i}+y\boldsymbol{j}+z\boldsymbol{k} &= x(1,0,0)+y(0,1,0)+z(0,0,1)\\
&=(x,0,0)+(0,y,0)+(0,0,z)\\
&=(x,y,z)\\
&=\boldsymbol{r}
\end{aligned}
$$

由例 8.5 可知任一空间向量都可以用 $\boldsymbol{i}$、$\boldsymbol{j}$、$\boldsymbol{k}$ 线性表示，这也是在上一节中我们说这三个向量特殊的原因之一。

例 8.7　设向量 $\boldsymbol{a}\neq\boldsymbol{0}$，则向量 $\boldsymbol{b}$ 平行于 $\boldsymbol{a}$ 的充分必要条件是：存在唯一的实数 λ，使 $\boldsymbol{b}=\lambda\boldsymbol{a}$。

证　由数乘的定义可知，充分性是显然的。下面证明条件的必要性。

已知 $\boldsymbol{b}/\!/\boldsymbol{a}$，取 $|\lambda|=\dfrac{|\boldsymbol{b}|}{|\boldsymbol{a}|}$，则当 $\boldsymbol{b}$ 与 $\boldsymbol{a}$ 同向时 λ 取正值，当 $\boldsymbol{b}$ 与 $\boldsymbol{a}$ 反向时 λ 取负值。此时 $\boldsymbol{b}$ 与 $\lambda\boldsymbol{a}$ 同向。又 $|\lambda\boldsymbol{a}|=|\lambda|\,|\boldsymbol{a}|=\dfrac{|\boldsymbol{b}|}{|\boldsymbol{a}|}|\boldsymbol{a}|=|\boldsymbol{b}|$，所以 $\boldsymbol{b}=\lambda\boldsymbol{a}$。

下面证明 λ 的唯一性。设另存在一个实数 μ，使得 $\boldsymbol{b}=\mu\boldsymbol{a}$，则有 $(\lambda-\mu)\boldsymbol{a}=\boldsymbol{0}$，从而得 $|\lambda-\mu|\,|\boldsymbol{a}|=0$，因 $\boldsymbol{a}\neq 0$，则 $|\boldsymbol{a}|\neq 0$，所以 $|\lambda-\mu|=0$，即 $\lambda=\mu$。证毕。

(四)数量积

$|\boldsymbol{a}|\,|\boldsymbol{b}|\cos\theta$ 称为 $\boldsymbol{a}$ 与 $\boldsymbol{b}$ 的数量积(也称点积、内积)，记为 $\boldsymbol{a}\cdot\boldsymbol{b}$，即 $\boldsymbol{a}\cdot\boldsymbol{b}=|\boldsymbol{a}|\,|\boldsymbol{b}|\cos\theta$，其中 θ 是 $\boldsymbol{a}$ 与 $\boldsymbol{b}$ 的夹角。

由数量积的定义可知，两向量的数量积是一个数。它符合下列运算规律：

1)交换律：$\boldsymbol{a}\cdot\boldsymbol{b}=\boldsymbol{b}\cdot\boldsymbol{a}$；

2)分配律：$(\boldsymbol{a}+\boldsymbol{b})\cdot\boldsymbol{c}=\boldsymbol{a}\cdot\boldsymbol{c}+\boldsymbol{b}\cdot\boldsymbol{c}$；

3)结合律：$\lambda(\boldsymbol{a}\cdot\boldsymbol{b})=(\lambda\boldsymbol{a})\cdot\boldsymbol{b}=\boldsymbol{a}\cdot(\lambda\boldsymbol{b})$。

由数量积的定义，我们还有以下性质：

1)$\boldsymbol{a}\cdot\boldsymbol{a}=|\boldsymbol{a}|^2=a_x^2+a_y^2+a_z^2$；

2)$\boldsymbol{i}\cdot\boldsymbol{i}=\boldsymbol{j}\cdot\boldsymbol{j}=\boldsymbol{k}\cdot\boldsymbol{k}=1,\boldsymbol{i}\cdot\boldsymbol{j}=\boldsymbol{j}\cdot\boldsymbol{k}=\boldsymbol{k}\cdot\boldsymbol{i}=0$ ；

3)设 $\boldsymbol{a}=(a_x,a_y,a_z)$，$\boldsymbol{b}=(b_x,b_y,b_z)$，则

$$
\begin{aligned}
\boldsymbol{a}\cdot\boldsymbol{b} &= (a_x\cdot\boldsymbol{i}+a_y\cdot\boldsymbol{j}+a_z\cdot\boldsymbol{k})\cdot(b_x\cdot\boldsymbol{i}+b_y\cdot\boldsymbol{j}+b_z\cdot\boldsymbol{k})\\
&= a_xb_x\boldsymbol{i}\cdot\boldsymbol{i}+a_xb_y\boldsymbol{i}\cdot\boldsymbol{j}+a_xb_z\boldsymbol{i}\cdot\boldsymbol{k}+\cdots+a_zb_z\boldsymbol{k}\cdot\boldsymbol{k}\\
&= a_xb_x+a_yb_y+a_zb_z；
\end{aligned}
$$

4)$\cos\theta=\dfrac{\boldsymbol{a}\cdot\boldsymbol{b}}{|\boldsymbol{a}|\,|\boldsymbol{b}|}=\dfrac{a_xb_x+a_yb_y+a_zb_z}{\sqrt{a_x^2+a_y^2+a_z^2}\,\sqrt{b_x^2+b_y^2+b_z^2}}$；

5)$\boldsymbol{a}$ 与 $\boldsymbol{b}$ 垂直当且仅当 $\boldsymbol{a}\cdot\boldsymbol{b}=0$；

6)柯西-施瓦兹不等式(向量形式)：$|\boldsymbol{a}\cdot\boldsymbol{b}|\leqslant|\boldsymbol{a}|\,|\boldsymbol{b}|$，等号当且仅当 $\boldsymbol{a}$ 与 $\boldsymbol{b}$

平行。

特别地,设 $\boldsymbol{a}=(a_x,a_y,a_z)$,$\boldsymbol{b}=(b_x,b_y,b_z)$,那么有

$$|\boldsymbol{a}|=\sqrt{a_x^2+a_y^2+a_z^2},\ |\boldsymbol{b}|=\sqrt{b_x^2+b_y^2+b_z^2}$$

则

$$|a_xb_x+a_yb_y+a_zb_z|\leqslant\sqrt{a_x^2+a_y^2+a_z^2}\sqrt{b_x^2+b_y^2+b_z^2}$$

更一般地,设 $\boldsymbol{a}=(a_1,\cdots,a_n)$,$\boldsymbol{b}=(b_1,\cdots,b_n)$,则

$$|a_1b_1+\cdots+a_nb_n|\leqslant\sqrt{a_1^2+\cdots+a_n^2}\sqrt{b_1^2+\cdots+b_n^2}$$

以上不等式称为柯西-施瓦兹不等式(Cauchy-Schwarz inequality),它是数学中最重要的不等式之一,它在众多背景下都有应用,比如线性代数、高等代数、概率论、向量代数等。因此它的形式也是多样的,我们这里只介绍了向量形式和实数域中的形式,有机会大家还可以接触积分形式、概率形式等。

例 8.8　已知 $\boldsymbol{a}=(3,-1,-2)$,$\boldsymbol{b}=(1,2,-1)$,求 $\boldsymbol{a}\cdot\boldsymbol{b}$ 及 $\boldsymbol{a}$、$\boldsymbol{b}$ 夹角的余弦。

解　根据定义,$\boldsymbol{a}\cdot\boldsymbol{b}=3\times1+(-1)\times2+(-2)\times(-1)=3$。

又由 $|\boldsymbol{a}|=\sqrt{3^2+(-1)^2+(-2)^2}=\sqrt{14}$,$|\boldsymbol{b}|=\sqrt{1^2+2^2+(-1)^2}=\sqrt{6}$,

故 $\cos\theta=\dfrac{\boldsymbol{a}\cdot\boldsymbol{b}}{|\boldsymbol{a}||\boldsymbol{b}|}=\dfrac{3}{\sqrt{14}\cdot\sqrt{6}}=\dfrac{\sqrt{21}}{14}$。

例 8.9　试用向量证明三角形的余弦定理。

证　设在$\triangle ABC$ 中,$\angle BCA=\theta$,$|BC|=a$,$|CA|=b$,$|AB|=c$,要证

$$c^2=a^2+b^2-2ab\cos\theta$$

记 $\boldsymbol{CB}=\boldsymbol{a}$,$\boldsymbol{CA}=\boldsymbol{b}$,$\boldsymbol{AB}=\boldsymbol{c}$,则有:$\boldsymbol{c}=\boldsymbol{a}-\boldsymbol{b}$。从而

$$\begin{aligned}|\boldsymbol{c}|^2&=\boldsymbol{c}\cdot\boldsymbol{c}=(\boldsymbol{a}-\boldsymbol{b})\cdot(\boldsymbol{a}-\boldsymbol{b})=\boldsymbol{a}\cdot\boldsymbol{a}+\boldsymbol{b}\cdot\boldsymbol{b}-2\boldsymbol{a}\cdot\boldsymbol{b}\\&=|\boldsymbol{a}|^2+|\boldsymbol{b}|^2-2|\boldsymbol{a}||\boldsymbol{b}|\cos(\widehat{\boldsymbol{a},\boldsymbol{b}})\end{aligned}$$

由 $|\boldsymbol{a}|=a$,$|\boldsymbol{b}|=b$,$|\boldsymbol{c}|=c$ 及 $(\widehat{\boldsymbol{a},\boldsymbol{b}})=\theta$,即得:

$$c^2=a^2+b^2-2ab\cos\theta$$

(五)向量积

称 $\boldsymbol{c}$ 为 $\boldsymbol{a}$ 与 $\boldsymbol{b}$ 的向量积(也称叉积、外积),记作 $\boldsymbol{c}=\boldsymbol{a}\times\boldsymbol{b}$,如果向量 $\boldsymbol{c}$ 满足:

大小:$|\boldsymbol{c}|=|\boldsymbol{a}||\boldsymbol{b}|\sin\theta$;

方向:$\boldsymbol{c}$ 的方向垂直于 $\boldsymbol{a}$、$\boldsymbol{b}$、$\boldsymbol{c}$ 的指向按右手法则从 $\boldsymbol{a}$ 转向 $\boldsymbol{b}$。

从定义可知,向量积得到的是一个向量。且满足如下运算规律:

1)$\boldsymbol{a}\times\boldsymbol{b}=-\boldsymbol{b}\times\boldsymbol{a}$;

2)$(\lambda\boldsymbol{a})\times\boldsymbol{b}=\lambda(\boldsymbol{a}\times\boldsymbol{b})$;

3)$\boldsymbol{a}\times(\boldsymbol{b}+\boldsymbol{c})=\boldsymbol{a}\times\boldsymbol{b}+\boldsymbol{a}\times\boldsymbol{c}$。

根据向量积的定义，有如下性质：

1) $\boldsymbol{i}\times\boldsymbol{j}=\boldsymbol{k},\boldsymbol{j}\times\boldsymbol{k}=\boldsymbol{i},\boldsymbol{k}\times\boldsymbol{i}=\boldsymbol{j};\boldsymbol{i}\times\boldsymbol{i}=\boldsymbol{j}\times\boldsymbol{j}=\boldsymbol{k}\times\boldsymbol{k}=\boldsymbol{0}$。

2) 坐标形式下，设 $\boldsymbol{a}=(a_x,a_y,a_z)$，$\boldsymbol{b}=(b_x,b_y,b_z)$，则

$$\boldsymbol{c}=\boldsymbol{a}\times\boldsymbol{b}=\begin{vmatrix}\boldsymbol{i} & \boldsymbol{j} & \boldsymbol{k}\\ a_x & a_y & a_z\\ b_x & b_y & b_z\end{vmatrix}$$

证　根据向量积的定义和行列式的定义，有：

$$\begin{aligned}\boldsymbol{c}=\boldsymbol{a}\times\boldsymbol{b}&=(a_x\boldsymbol{i}+a_y\boldsymbol{j}+a_z\boldsymbol{k})\times(b_x\boldsymbol{i}+b_y\boldsymbol{j}+b_z\boldsymbol{k})\\&=a_xb_x\boldsymbol{i}\times\boldsymbol{i}+a_xb_y\boldsymbol{i}\times\boldsymbol{j}+a_xb_z\boldsymbol{i}\times\boldsymbol{k}\\&\quad+a_yb_x\boldsymbol{j}\times\boldsymbol{i}+a_yb_y\boldsymbol{j}\times\boldsymbol{j}+a_yb_z\boldsymbol{j}\times\boldsymbol{k}\\&\quad+a_zb_x\boldsymbol{k}\times\boldsymbol{i}+a_zb_y\boldsymbol{k}\times\boldsymbol{j}+a_zb_z\boldsymbol{k}\times\boldsymbol{k}\\&=a_xb_y\boldsymbol{k}-a_xb_z\boldsymbol{j}-a_yb_x\boldsymbol{k}+a_yb_z\boldsymbol{i}+a_zb_x\boldsymbol{j}-a_zb_y\boldsymbol{i}\\&=(a_yb_z-a_zb_y)\boldsymbol{i}+(a_zb_x-a_xb_z)\boldsymbol{j}+(a_xb_y-a_yb_x)\boldsymbol{k}\\&=\begin{vmatrix}a_y & a_z\\ b_y & b_z\end{vmatrix}\boldsymbol{i}-\begin{vmatrix}a_x & a_z\\ b_x & b_z\end{vmatrix}\boldsymbol{j}+\begin{vmatrix}a_x & a_y\\ b_x & b_y\end{vmatrix}\boldsymbol{k}\\&=\begin{vmatrix}\boldsymbol{i} & \boldsymbol{j} & \boldsymbol{k}\\ a_x & a_y & a_z\\ b_x & b_y & b_z\end{vmatrix}\end{aligned}$$

例 8.10　设 $\boldsymbol{a}=(2,1,-1)$，$\boldsymbol{b}=(1,-1,2)$，计算 $\boldsymbol{a}\times\boldsymbol{b}$。

解　$\boldsymbol{a}\times\boldsymbol{b}=\begin{vmatrix}\boldsymbol{i} & \boldsymbol{j} & \boldsymbol{k}\\ 2 & 1 & -1\\ 1 & -1 & 2\end{vmatrix}=\begin{vmatrix}1 & -1\\ -1 & 2\end{vmatrix}\boldsymbol{i}-\begin{vmatrix}2 & -1\\ 1 & 2\end{vmatrix}\boldsymbol{j}+\begin{vmatrix}2 & 1\\ 1 & -1\end{vmatrix}\boldsymbol{k}=\boldsymbol{i}-5\boldsymbol{j}-3\boldsymbol{k}$。

例 8.11　求证：$\boldsymbol{a}\parallel\boldsymbol{b}$ 的充要条件是 $\boldsymbol{a}\times\boldsymbol{b}=\boldsymbol{0}$。

证　先证充分性：已知 $\boldsymbol{a}\times\boldsymbol{b}=\boldsymbol{0}$，则 $|\boldsymbol{a}\times\boldsymbol{b}|=|\boldsymbol{a}||\boldsymbol{b}|\sin\theta=0$，得：$\boldsymbol{a},\boldsymbol{b}$ 两个向量中至少有个向量为零向量，或者这两个向量的夹角为 0 或 π。若 $\boldsymbol{a},\boldsymbol{b}$ 两个向量中至少有个向量为零向量，因为零向量的方向是任意的，与任何向量平行，所以 $\boldsymbol{a}\parallel\boldsymbol{b}$；若 $\boldsymbol{a},\boldsymbol{b}$ 两个向量的夹角为 0 或 π，则 $\boldsymbol{a}\parallel\boldsymbol{b}$。

下面证明必要性：已知 $\boldsymbol{a}\parallel\boldsymbol{b}$，则夹角为 0 或 π（若 $\boldsymbol{a},\boldsymbol{b}$ 中有零向量，也包含在此情况中）。因为 $|\boldsymbol{a}\times\boldsymbol{b}|=|\boldsymbol{a}||\boldsymbol{b}|\sin\theta=\boldsymbol{0}$，得 $\boldsymbol{a}\times\boldsymbol{b}=\boldsymbol{0}$。证毕。

习　题

1. 设 $\boldsymbol{a}\neq\boldsymbol{0}$，则向量 $\boldsymbol{b}$ 平行于 $\boldsymbol{a}$ 的充分必要条件是：存在唯一的实数 λ，使 $\boldsymbol{b}=$

$\lambda\boldsymbol{a}$。思考 $\boldsymbol{b}=\lambda\boldsymbol{a}$ 的坐标形式。

2. 设 $\boldsymbol{r}=(x,y,z)$，试求与向量 $\boldsymbol{r}$ 同向的单位向量。

3. 已知两点 $A(x_1,y_1,z_1)$ 和 $B(x_2,y_2,z_2)$ 以及实数 $\lambda\neq-1$，在直线 AB 上求点 M，使 $\boldsymbol{AM}=\lambda\boldsymbol{MB}$。

4. 设 $\boldsymbol{a}=(2,1,2)$，$\boldsymbol{b}=(4,-1,10)$，$\boldsymbol{c}=\boldsymbol{b}-\lambda\boldsymbol{a}$ 且 $\boldsymbol{a}\perp\boldsymbol{c}$，求 λ。

5. 已知三角形 ABC 的顶点分别为 $A(1,2,3)$、$B(3,4,5)$、$C(2,4,7)$，求三角形 ABC 的面积(用向量形式表示)。

6. 已知三点 $M(1,1,1)$、$A(2,2,1)$、$B(2,1,2)$，求$\angle AMB$。

7. 已知向量 $\boldsymbol{a}=(m,3,4)$，$\boldsymbol{b}=(4,m,-7)$。若 $\boldsymbol{a}\perp\boldsymbol{b}$，求 m 的值。

8. 设向量 $\boldsymbol{x}$ 与向量 $\boldsymbol{a}=(2,-1,3)$ 平行，且满足方程 $\boldsymbol{a}\cdot\boldsymbol{x}=7$，求向量 $\boldsymbol{x}$。

9. 设 $\boldsymbol{a},\boldsymbol{b},\boldsymbol{c}$ 均为非零向量，判断下列结论正确与否，并说明理由：

(1) $(\boldsymbol{a}\cdot\boldsymbol{b})\cdot\boldsymbol{c}=\boldsymbol{a}\cdot(\boldsymbol{b}\cdot\boldsymbol{c})$；

(2) $|\boldsymbol{a}\cdot\boldsymbol{b}|^2=|\boldsymbol{a}|^2\cdot|\boldsymbol{b}|^2$；

(3) $(\boldsymbol{a}+\boldsymbol{b})\times(\boldsymbol{a}+\boldsymbol{b})=2\boldsymbol{a}\times\boldsymbol{b}$；

(4) 若 $\boldsymbol{a}\cdot\boldsymbol{b}=\boldsymbol{a}\cdot\boldsymbol{c}$，则 $\boldsymbol{b}=\boldsymbol{c}$；

(5) 若 $\boldsymbol{a}\times\boldsymbol{b}=\boldsymbol{a}\times\boldsymbol{c}$，则 $\boldsymbol{b}=\boldsymbol{c}$。

10. 已知向量 $\boldsymbol{a}=(2,-3,1)$，$\boldsymbol{b}=(1,-1,3)$ 和 $\boldsymbol{c}=(1,-2,0)$，计算：

(1) $(\boldsymbol{a}\cdot\boldsymbol{b})\boldsymbol{c}-(\boldsymbol{a}\cdot\boldsymbol{c})\boldsymbol{b}$；　(2) $(\boldsymbol{a}+\boldsymbol{b})\times(\boldsymbol{b}+\boldsymbol{c})$；　(3) $(\boldsymbol{a}\times\boldsymbol{b})\cdot\boldsymbol{c}$。

11. 设 $\boldsymbol{a}$、$\boldsymbol{b}$、$\boldsymbol{c}$ 为单位向量，且满足 $\boldsymbol{a}+\boldsymbol{b}+\boldsymbol{c}=\boldsymbol{0}$，求 $\boldsymbol{a}\cdot\boldsymbol{b}+\boldsymbol{b}\cdot\boldsymbol{c}+\boldsymbol{c}\cdot\boldsymbol{a}$。

12. 已知 $\boldsymbol{a}\times\boldsymbol{b}+\boldsymbol{b}\times\boldsymbol{c}+\boldsymbol{c}\times\boldsymbol{a}=\boldsymbol{0}$，求证 $\boldsymbol{a},\boldsymbol{b},\boldsymbol{c}$ 三个向量在同一个平面上。

第九章　计数原理与排列组合

计数原理与排列组合是概率论的基础知识。在高中数学学习阶段，这部分知识曾有所介绍，但并不深入。因此，本章将系统地介绍计数原理以及排列组合等基础知识。同时，计数原理与排列组合知识也将为计算随机事件的概率提供重要帮助，奠定扎实基础。

9.1　计数原理

计数原理是数学的重要研究对象之一。分类加法计数原理、分步乘法计数原理是解决计数问题最基本、最重要的方法，也称为基本计数原理。它们为解决很多实际问题提供了思想和工具。

(一)分类加法原理

设完成一件事情有 n(n 为正整数)类方法，只要选取任何一类中的一种方法就可以完成这件事。设第一类方法有m_1种，第二类方法有m_2种，…，第 n 类方法有m_n种，并且这$m_1+m_2+\cdots+m_n$种方法互不相同，则完成这件事共有$m_1+m_2+\cdots+m_n$种方法。

例 9.1　从甲地到乙地可以乘坐火车、汽车、轮船。一天内，火车有 4 班，汽车有 2 班，轮船有 3 班。那么，一天中乘坐这些交通工具从甲地到乙地共有多少种不同的走法？

解　从甲地到乙地有三类方法(见图 9-1)：

第一类方法(乘火车)，有 4 种方法；

第二类方法(乘汽车)，有 2 种方法；

第三类方法(乘轮船)，有 3 种方法；

所以，从甲地到乙地共有 4+2+3=9 种方法。

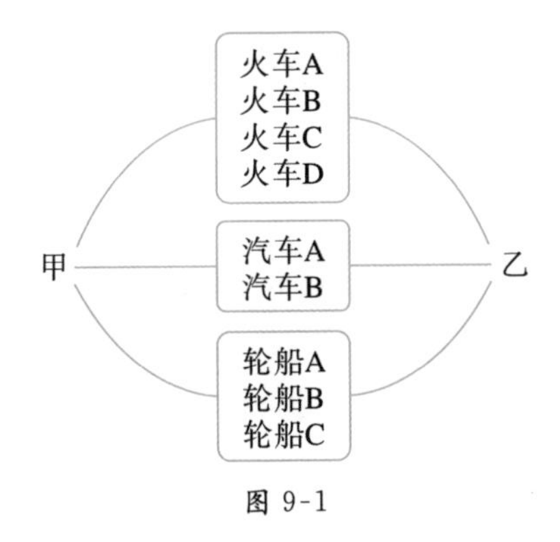

图 9-1

(二)分步乘法原理

设完成一件事情有 n(n 为正整数)个步骤,完成第一个步骤有m_1种方法,完成第二个步骤有m_2种方法,…,完成第 n 个步骤有m_n种方法,并且完成这件事必须经过这 n 个步骤的每一个步骤,则完成这件事共有$m_1 \times m_2 \times \cdots \times m_n$种方法。

例 9.2　已知由杭州到上海有三条线路,由上海到北京有五条线路。问:从杭州经上海到北京有几种不同的线路?

解　从杭州经上海到北京可分成两步完成(见图 9-2):

第一步从杭州到上海,有三条线路可供选择;

第二步从上海到北京,有五条线路可供选择。

由乘法原理知,从杭州经上海到北京总共有 $3\times5=15$ 种不同的线路。

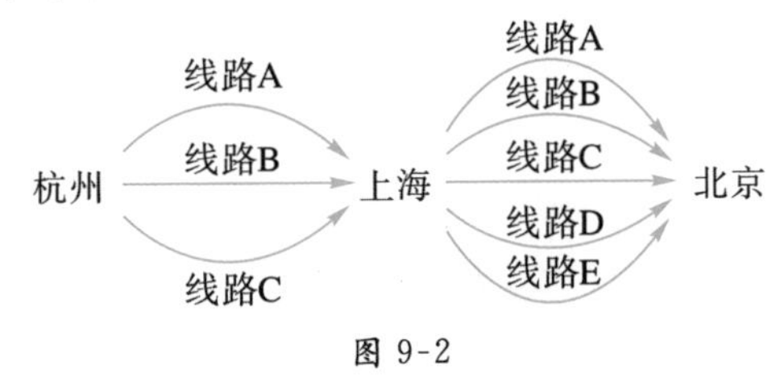

图 9-2

分析加法原理与乘法原理的相似与不同之处,总结如下:

相同之处:目的相同,即都是回答关于完成一件事情的不同方法种数的问题。

不同之处:加法原理强调分类,各类方法相互独立;乘法原理强调分步,各步骤之间相互关联。

分类加法计数和分步乘法计数是处理计数问题的两种基本思想方法。面对一个复杂的计数问题时,人们往往通过分类或分步将它分解为若干个简单计数问题。在解决这些简单问题的基础上,将它们整合起来得到原问题的答案。通过对复杂计数问题的分解,将综合问题化解为单一问题的组合,再对单一问题各个击破,可以达到以简驭繁、化难为易的效果。

例 9.3　完成某项任务，必需且只需 A、B 两个程序。甲只能完成 A 程序，掌握 2 种方法；乙只能完成 B 程序，掌握 3 种方法；丙既能完成 A 程序也能完成 B 程序，分别掌握 4 种方法和 5 种方法。从甲、乙、丙中选 2 人完成这项任务，每人完成一个程序，不同的方法共有多少种？

解　选择 2 人完成任务有三种可能性，即由甲、乙完成这项任务；由甲、丙完成这项任务；由乙、丙完成这项任务。

由甲、乙完成这项任务，方法有 $2\times3=6$ 种；

由甲、丙完成这项任务，方法有 $2\times5=10$ 种；

由乙、丙完成这项任务，方法有 $4\times3=12$ 种；

综上，从甲、乙、丙中选 2 人完成这项任务，每人完成一个程序，不同的方法有 $6+10+12=28$ 种。

关于分类、分步的问题，先“分类”还是先“分步”更利于问题解决，这取决于类与步的趋势谁更大，趋势大的优先。分类与分步完成之后，再考虑类中是否有步，步中是否有类。

例 9.4　现有高一学生 9 人，高二学生 12 人，高三学生 7 人，自发组织课外劳动活动小组。问：

1)选其中 1 人为总负责人，有多少种不同选法？

2)每年级选 1 名组长，有多少种不同选法？

3)从中推选两名来自不同年级的学生做一次活动的主持人，有多少种不同选法？

解

1)选其中 1 人为总负责人，不同选法种数 N 为：

$$N=9+12+7=28$$

2)每年级选 1 名组长，不同选法种数 N 为：

$$N=9\times12\times7=756$$

3)推选两名来自不同年级的学生做一次活动的主持人，不同选法种数 N 为：

$$N=9\times12+12\times7+9\times7=255$$

除上面介绍的分类加法计数原理以及分步乘法计数原理，常用的计数方法还包括映射方法计数、容斥原理计数、递推方法计数等。下面就映射方法计数进行简单介绍。

设 $f:A\to B$ 是从集合 A 到集合 B 的映射，A 和 B 都是有限集，若 f 是单射，则 $|A|\leqslant|B|$；若 f 是满射，则 $|A|\geqslant|B|$；若 f 是双射，则 $|A|=|B|$。

依据此定理，当有限集合 A 的元素数量 $|A|$ 计算比较困难时，可以构造一个便于计算元素数量的集合 B，并且建立一个 A 到 B 的双射。于是，由 $|A|=|B|$ 得到

集合 A 的元素数量。这就是映射方法或对应方法。

例 9.5　已知两个实数集合 $A=\{a_1,a_2,\cdots,a_{100}\}$ 与 $B=\{b_1,b_2,\cdots,b_{50}\}$。若从集合 A 到集合 B 的映射 f 使得 B 中每个元素都有原像，且 $f(a_1)\leqslant f(a_2)\leqslant\cdots\leqslant f(a_{100})$，这样的映射共有多少个？

解　将 A 中的元素分成 50 组，使得在 f 之下像相同的元素放在同一组，则问题转化为集合有多少种这样的分组法。不妨设 $b_1<b_2<\cdots<b_{50}$，将 A 中的元素 $a_1,a_2,\cdots,a_{100}$ 按顺序分为非空的 50 组。定义映射 $f:A\to B$ 使第 i 组的元素在之下的像都是 $b_i(i=1,2,\cdots,50)$。易知这样的 f 满足题设要求，每个这样的分组都一一对应满足条件的映射。于是，满足题设要求的映射 f 的个数与 A 按组码顺序分成 50 组的分法数相同，而 A 的分法就是不定方程 $x_1+x_2+\cdots+x_{50}=100$ 的正整数解的组数，即 C_{99}^{49}。

习　题

1. 现有高中一年级的学生 3 名，高中二年级的学生 5 名，高中三年级的学生 4 名。问：

(1)从中任选 1 人参加植树活动，有多少种不同的做法？

(2)从 3 个年级的学生中各选 1 人参加植树活动，有多少种不同的选法？

2. 3 张卡面正反面分别标有数字 1 和 2、3 和 4、5 和 7，若将 3 张卡片并列组成一个三位数，则可得到多少个不同的三位数？

3. 北京冬奥会期间，某项比赛中有 7 名志愿者，其中女志愿者 3 名，男志愿者 4 名。问：

(1)从中选 2 名志愿者代表，必须有女志愿者代表的不同选法有多少种？

(2)从中选 4 人分别从事四个不同岗位的服务，每个岗位 1 人，且男志愿者甲和女志愿者乙至少 1 人在内，有多少种不同的安排方法？

4. 用 0、1、2、3、4、5 这六个数字可以组成多少个符合下列条件的无重复的数字？

(1)六位奇数；

(2)个位数字不是 5 的六位数。

5. 用黄、蓝、白三种颜色粉刷 6 间办公室。若一种颜色的粉刷 3 间，一种颜色的粉刷 2 间，一种颜色的粉刷 1 间，有多少种不同的粉刷方法？

6. 在三位数中，如果十位上的数字比百位上的数字和个位上的数字都小，那么这个数称为凹数，如 524、746 等都是凹数。那么用 0、1、2、3、4、5 这六个数字能组成多少个无重复数字的凹数？

7. 把圆分成 10 个不相等的扇形，并且用红、黄、蓝三种颜色给扇形染色，但不允许相邻的扇形有相同的颜色，问共有多少种染色法？

8. 由 0、1、2、3、4、5 这 6 个数字可以组成多少个无重复数字且能被 25 整除的四位数？

9. 求方程 $x_1+x_2+x_3+x_4=5$ 的非负整数解的个数。

9.2 排列组合

本节将介绍排列组合相关知识。排列组合是组合学最基本的概念。排列组合与古典概率论关系密切。在学习概率论课程时，大家将大量运用排列组合的相关知识。在考虑排列组合问题时，当集合中的元素个数有限时，将该元素依次编号，一般记作：$a_1,a_2,\cdots,a_n$。

(一)排列

设 A 是一个非空有限集合，所谓集合 A 的一个排列就是集合 A 中元素的一个有序选出。从 n 个不同的元素中，任取 m 个不同的元素，按照一定顺序排成一列，称为从 n 个不同元素中取出 m 个元素的一个排列。

例如，从由 30 名学生组成的班级中任选 10 名学生，并按身高从高到低将他们排成一行。此时，我们可以称这是从 30 名学生选取 10 名学生的一个排列。

研究排列问题的主要目的之一就是根据已知条件求出所能作出的不同排列种数。

定理 9.2.1 (可重复排列问题)：从 n 个不同的元素中，有放回地逐一取出 m 个元素进行排列，则共有n^m种不同的排列。

定理 9.2.2 (选排列问题)：从 n 个不同的元素中，无放回地取出 m 个元素进行排列，则共有 $n(n-1)\cdots(n-m+1)=\dfrac{n!}{(n-m)!}$种不同的排列，记为$\mathrm{A}_n^m$。特别地，当 $n=m$ 时的选排列简称全排列，$\mathrm{A}_n^n=n!$，并约定 $0!=1$。

排列数具有如下性质：

$\mathrm{A}_n^m=n\,\mathrm{A}_{n-1}^{m-1}$，可理解为先安排某元素的位置，再安排其余元素。

$\mathrm{A}_n^m=m\,\mathrm{A}_{n-1}^{m-1}+\mathrm{A}_{n-1}^m$，可理解为含特定元素的排列有 $m\,\mathrm{A}_{n-1}^{m-1}$，不含特定元素的排列有$\mathrm{A}_{n-1}^m$种。

(二)组合

设 A 是一个非空有限集合,集合 A 的一个组合就是集合 A 中元素的一个无序选出。从 n 个不同元素中,任取 m 个不同的元素,不考虑其顺序作为一组,称为从 n 个不同元素中取出 m 个元素的一个组合。

例如,从由 30 名学生组成的班级中,任选 10 名学生组成一个小团队。此时,我们可以称这是从 30 名学生选取 10 名学生的一个组合。

研究组合问题的主要目的之一就是根据已知条件求出所能作出的不同组合的种数。

定理 9.2.3　从 n 个不同的元素中取出 m 个不同元素的组合共有 $\frac{n(n-1)\cdots(n-m+1)}{m!}=\frac{n!}{m!\ (n-m)!}$ 种不同的组合,记为 C_n^m。

从 n 个不同的元素中取 m 个元素的选排列种数为 A_n^m,m 个元素的全排列为 $m!$。考虑组合时,这些排列都是同一种组合。因此,$\mathrm{C}_n^m=\frac{\mathrm{A}_n^m}{m!}$。

组合数具有如下性质:

$$\mathrm{C}_n^m=\mathrm{C}_n^{n-m}$$

可以理解为将原本的每个组合都反转。即把原没选的选上,原选上的去掉,这两种组合的数量相等。

$$\mathrm{C}_n^m=\mathrm{C}_{n-1}^m+\mathrm{C}_{n-1}^{m-1}$$

可以理解为含特定元素的组合有 C_{n-1}^{m-1},不含特定元素的组合有 C_{n-1}^m。

例 9.6　有 5 个不同的小球,装入 4 个不同的盒内,每盒至少装一个球,共有多少不同的装法?

解　由题意知,定存在一个盒中放置 2 个小球。第一步,从 5 个球中选出 2 个组成复合元素共有 C_5^2 种方法;

第二步,把 4 个元素(包含第一步中的一个复合元素)装入 4 个不同的盒内共有 A_4^4 种不同的方法。

根据分步计数原理,撞球共有 $\mathrm{C}_5^2\mathrm{A}_4^4$ 种不同的装法。

例 9.7　3 个大人和 2 个小孩乘船游玩。现有 3 艘船:1 号船可乘 3 人,2 号船可乘 2 人,3 号船可乘 1 人。3 个大人和 2 个小孩可以任选 2 艘船或 3 艘船乘坐,要求小孩不能单独乘坐。请问有多少种乘船方案?

解　第一类:1 号船和 2 号船各坐 1 个大人和 1 个小孩,3 号船坐 1 个大人。可先选出 1 个小孩坐 1 号船,有 $\mathrm{C}_2^1=2$ 种选法;另外 1 个小孩坐 2 号船,然后 3 个大人全排列。因此,有 $\mathrm{C}_2^1\mathrm{A}_3^3=12$ 种乘船方法。

第二类:1 号船坐 1 个大人和 2 个小孩,另外 2 个大人乘坐 2 号船和 3 号船(每船 1 人)。因此,有$A_3^3=6$种乘船方法。

第三类:1 号船坐 2 个大人和 1 个小孩,有$C_3^2C_2^1=6$种选法;另外 1 个大人、1 个小孩坐 2 号船。因此,有$C_3^2C_2^1=6$种选法。

第四类:1 号船坐 1 个大人和 2 个小孩,另外 2 个大人坐 2 号船。因此,有$C_3^1=3$种乘船方法。

由分类加法计数原理,乘船的方案有 27 种。

例 9.8　1,2,3,4,5 的排列 a_1,a_2,a_3,a_4,a_5 具有性质:对于 $1\leqslant i\leqslant 4$,$a_1,a_2,\cdots,a_i$ 不构成 $1,2,\cdots,i$ 的某个排列,求这种排列的个数。

解　由题意显然 $a_1\neq 1$,我们发现直接考虑比较困难,下面则对 a_1 的取值进行分类讨论。

· 当 $a_1=5$ 时,无论怎样排列 $a_1,a_2,\cdots,a_i$ 都不可能构成 $1,2,\cdots,i$ 的某个排列,此时有 $4!=24$ 个排列符合题目的要求。

· 当 $a_1=4$ 时,唯有 $a_1,a_2,\cdots,a_4$ 可以构成 1,2,3,4 的某个排列,此时 $a_5=5$,形成 $4\times\times\times 5$ 的排列,这样的排列有 $3!=6$ 种。所以,符合的题目要求的排列个数为 $4!-3!=18$。

· 当 $a_1=3$ 时,下面分两种情况讨论:

(1)$a_1,a_2,\cdots,a_4$ 可以构成 1,2,3,4 的某个排列,此时 $a_5=5$,形成 $3\times\times\times 5$ 的排列,这样的排列有 $3!=6$ 种;

(2)a_1,a_2,a_3 可以构成 1,2,3 的某个排列,此时 $a_4=5,a_5=4$,形成 $3\times\times 54$ 的排列,这样的排列有 $2!=2$ 种;

因此,符合的题目要求的排列个数为 $4!-3!-2!=16$。

· 当 $a_1=2$ 时,下面分三种情况讨论:

(1)$a_1,a_2,\cdots,a_4$ 可以构成 1,2,3,4 的某个排列,此时 $a_5=5$,形成 $2\times\times\times 5$ 的排列,这样的排列有 $3!=6$ 种;

(2)a_1,a_2,a_3 可以构成 1,2,3 的某个排列,此时 $a_4=5,a_5=4$,形成 $2\times\times 54$ 的排列,这样的排列有 $2!=2$ 种;

(3)a_1,a_2 可以构成 1,2 的某个排列,这样的排列有 3 种,分别是 21534,21543,21453;

因此,符合的题目要求的排列个数为 $4!-3!-2!-3=13$。

最终,符合题目要求的排列个数为 $24+18+16+13=71$。

习题

1. 7 名学生排队,求甲、乙、丙 3 人顺序确定的情况下,共有多少种不同的排法？

2. 把 6 个相同的小球放入 4 个不同的箱中，使得每个箱子都不空，共有多少种放法？

3. 在 1，2，3，…，30 这 30 个数字中，每次取两两不等的三个数，使它们之和是 3 的倍数，共有多少种不同的取法？

4. 在一场演唱会中共有 10 名演员，其中 8 人能唱歌，5 人会跳舞，现要演出一个 2 人唱歌 2 人伴舞的节目，有多少种不同的选派方法？

5. 甲、乙、丙、丁四名同学报名参加 A、B、C 三个智力竞赛项目，每个人都要报名参加。分别求下列不同报名方法的总数。

(1)乙报名参加同一项目，丙不报名 A 项目；

(2)甲不报名 A 项目，且 B、C 项目报名的人数相同。

6. 有 5 对夫妇和 A、B 共 12 人参加一场婚宴，他们被安排在一张有 12 个座位的圆桌上就餐(旋转之后相同坐法)。若 5 对夫妇都相邻而坐且 A、B 相邻而坐，共有多少种坐法？

7. 一条铁路有 n 个车站，为适应客运需要，新增了 m 个车站，且已知 $m>1$，客运车票增加了 62 种。求原来有多少个车站，现在有多少个车站？

8. 用 1、2、3、4、5 排成一个数字不重复的五位数 $a_1a_2a_3a_4a_5$，满足 $a_1<a_2$，$a_2>a_3$，$a_3<a_4$，$a_4>a_5$ 的五位数有多少个？

9. 现安排 7 名同学去参加 5 个运动项目，要求甲和乙两位同学不能参加同一个项目，每个项目都有人参加，每人只参加一个项目，则满足上述要求的不同安排方案数为多少？

10. 排球单循环赛：南方球队比北方球队多 9 支，南方球队总得分是北方球队的 9 倍(胜得 1 分，败得 0 分)。求证：冠军是南方球队。

9.3　二项式定理

利用组合数可以证明下述二项式定理。设 n 是一个正整数，又设 a 与 b 是两个非零实数，则我们有：

$$(a+b)^n=\sum_{k=0}^{n}C_n^k a^{n-k}b^k$$

证　在 $(a+b)^n=(a+b)\cdots(a+b)$ 中，对于每一个 $k=0,1,2\cdots,n$ 而言，$a^{n-k}b^k$ 是从 n 个因子 $(a+b)$ 中选择 k 个，在这 k 个 $(a+b)$ 中都取 b，再从剩下的 $n-k$ 个因子中都取 a 作乘积得到。因此，$a^{n-k}b^k$ 的系数为上述选法的种数，即组合数 C_n^k。于

是得证！

二项式系数的性质如下：

◉ 在二项展开式中，与首末两端等距离的两项的二项式系数相等，即

$$C_n^m = C_n^{n-m}$$

◉ 如果二项式的幂指数是偶数，中间一项的二项式系数最大；如果二项式的幂指数是奇数，中间两项的二项式系数相等并且最大。

◉ 二项式系数的和为2^n，即

$$C_n^0 + C_n^1 + \cdots + C_n^r + \cdots + C_n^n = 2^n$$

证 联想二项式定理展开式，构造二项式$(a+b)^n = \sum\limits_{k=0}^{n} C_n^k a^{n-k} b^k$。令 $a=1, b=1$ 得：

$(1+1)^n = C_n^0 1^n \times 1^0 + C_n^1 1^{n-1} \times 1 + C_n^2 1^{n-2} \times 1^2 + \cdots + C_n^n 1^0 \times 1^n = C_n^0 + C_n^1 + \cdots + C_n^r + \cdots + C_n^n = 2^n$

◉ 奇数项的二项式系数和等于偶数项的二项式系数的和，即

$$C_n^0 + C_n^2 + \cdots = C_n^1 + C_n^3 + \cdots = 2^{n-1}$$

证 联想二项式定理展开式，构造二项式$(a+b)^n = \sum\limits_{k=0}^{n} C_n^k a^{n-k} b^k$。令 $a=1, b=-1$ 得：

$$\begin{aligned}(1-1)^n &= C_n^0 1^n \times (-1)^0 + C_n^1 1^{n-1} \times (-1) + \cdots + C_n^n 1^0 \times (-1)^n \\ &= (C_n^0 + C_n^2 + \cdots) - (C_n^1 + C_n^3 + \cdots)\end{aligned}$$

$2(C_n^0 + C_n^2 + \cdots) = C_n^0 + C_n^1 + \cdots + C_n^r + \cdots + C_n^n = 2^n$

故$C_n^0 + C_n^2 + \cdots = C_n^1 + C_n^3 + \cdots = 2^{n-1}$。

例 9.9 设 $x_n = \left(1+\frac{1}{n}\right)^n (n=1,2,\cdots)$，运用二项式定理证明 $x_n < 3$。

证 利用二项式公式，有

$x_n = \left(1+\frac{1}{n}\right)^n = 1 + \frac{n!}{1} \times \frac{1}{n} + \frac{n(n-1)}{2} \times \frac{1}{n^2} + \cdots + \frac{n(n-1)\cdots 1}{n!} \times \frac{1}{n^n} = 1 + 1 + \frac{1}{2!}\left(1-\frac{1}{n}\right) + \frac{1}{3!}\left(1-\frac{1}{n}\right)\left(1-\frac{2}{n}\right) + \cdots + \frac{1}{n!}\left(1-\frac{1}{n}\right)\left(1-\frac{2}{n}\right)\left(1-\frac{n-1}{n}\right)$

采用缩放法，将等式放大得到：

$$x_n = \left(1+\frac{1}{n}\right)^n < 1 + 1 + \frac{1}{2!} + \frac{1}{3!} + \cdots + \frac{1}{n!}$$

由于当 $n \geqslant 3$ 时，有下列不等式：

$$\frac{1}{n!} = \frac{1}{1 \times 2 \times \cdots \times n} < \frac{1}{2^{n-1}}$$

代入上述不等式，则有：

$$x_n=\left(1+\frac{1}{n}\right)^n<1+1+\frac{1}{2!}+\frac{1}{3!}+\cdots+\frac{1}{n!}$$

$$<1+1+\frac{1}{2}+\frac{1}{2^2}+\cdots+\frac{1}{2^{n-1}}=1+\frac{1-\frac{1}{2^n}}{1-\frac{1}{2}}<3$$

得证！

在高等数学课程中将介绍 $\lim\limits_{n\to\infty}\left(1+\frac{1}{n}\right)^n=\mathrm{e}$。在那时，就将运用到单调递增数列存在上限，则该数列存在极限，此极限即为 e。

结合二项式定理与复数的基本知识可以解决以下问题：

例 9.10　证明：$C_n^0+C_n^3+C_n^6+\cdots=\frac{1}{3}\left(2^n+2\cos\frac{n\pi}{3}\right)$

证　构造二项式展开 $(1+x)^n=C_n^0+C_n^1x+C_n^2x^2+\cdots+C_n^nx^n$，分别令 $x=1,\omega,\omega^2$ 并代入二项式可以得到：

$$\begin{cases}C_n^0+C_n^1+C_n^2+\cdots+C_n^n=2^n\\ C_n^0+C_n^1\omega+C_n^2\omega^2+\cdots+C_n^n\omega^n=(1+\omega)^n=\left(\frac{1}{2}+\frac{\sqrt{3}}{2}\mathrm{i}\right)^n=\cos\frac{n\pi}{3}+\mathrm{i}\sin\frac{n\pi}{3}\\ C_n^0+C_n^1\omega^2+C_n^2\omega^4+\cdots+C_n^n\omega^{2n}=(1+\omega^2)^n=\left(\frac{1}{2}-\frac{\sqrt{3}}{2}\mathrm{i}\right)^n=\cos\frac{n\pi}{3}-\mathrm{i}\sin\frac{n\pi}{3}\end{cases}$$

由于 $1+\omega^k+\omega^{2k}=\begin{cases}3,k=3m\\0,k=3m+1\\0,k=3m+2\end{cases}$，所以将上述三个公式相加以后可以得到

$$3(C_n^0+C_n^3+C_n^6+\cdots)=2^n+2\cos\frac{n\pi}{3}$$

得证！

结合二项式定理与基本不等式的知识可以解决以下问题：

例 9.11　设 $a,b\in\mathbf{R}^+$，且 $\frac{1}{a}+\frac{1}{b}=1$，试证对每一个 $n\in\mathbf{N}$，都有 $(a+b)^n-a^n-b^n\geqslant 2^{2n}-2^{n+1}$。

证　由于题目中涉及“对每一个 $n\in\mathbf{N}$ 都使得不等式成立”，容易想到使用数学归纳法解题。但是，使用数学归纳法求证过程相对繁琐，可以考虑二项式定理进行求解。

由于 $\frac{1}{a}+\frac{1}{b}=1\geqslant\frac{2}{\sqrt{ab}}$，可知 $\sqrt{ab}\geqslant 2$。对不等式左边进行二项式展开可以得到

$$\begin{cases}(a+b)^n-a^n-b^n=C_n^1a^{n-1}b+C_n^2a^{n-2}b^2+\cdots+C_n^{n-1}ab^{n-1}\\(a+b)^n-a^n-b^n=C_n^{n-1}a^{n-1}b+C_n^{n-2}a^{n-2}b^2+\cdots+C_n^1ab^{n-1}\end{cases}$$

由于组合数的性质可知 $C_n^k=C_n^{n-k}$，则可以构造不等式条件，将上述两个公式相加得到

$$\begin{aligned}&(a+b)^n-a^n-b^n\\&=\frac{1}{2}[C_n^1(a^{n-1}b+ab^{n-1})+C_n^2(a^{n-2}b^2+a^2b^{n-2})+\cdots+C_n^{n-1}(ab^{n-1}+a^{n-1}b)]\\&\geqslant\sqrt{(ab)^n}(C_n^1+C_n^2+\cdots+C_n^{n-1})\geqslant 2(2^n-2)\end{aligned}$$

得证！

习　题

1. 证明：$C_n^1+2\,C_n^2+3\,C_n^3+\cdots+n\,C_n^n=n\times 2^{n-1}$。

2. 证明：$2^{3n+3}-7n-8(n\in\mathbf{N}^+)$能被 49 整除。

3. 已知二项式$(x+3x^2)^n$，它的二项式系数之和为 512，求展开式中系数最大的项。

4. 已知$(1+2x)^n=a_0+a_1x+a_2x^2+\cdots+a_nx^n(n\in\mathbf{N}^+)$，若 $a_8>a_7$ 且 $a_8>a_9$，求 n。

5. 已知 $f(x)=(5+2x)^{2021}$，证明 $f(\sqrt{6})+f(-\sqrt{6})$是整数，并求 $f(\sqrt{6})$等级整数部分的个位数。

6. 已知 $f(x)=(1-x)^{2020}=a_0+a_1x+a_2x^2+\cdots+a_{2020}x^{2020}$，求$\frac{1}{a_1}+\frac{1}{a_2}+\cdots+\frac{1}{a_{2020}}$的值。

7. 证明：对任意正整数 n，

$$C_n^1x\,(1-x)^{n-1}+2\,C_n^2x^2\,(1-x)^{n-2}+\cdots+n\,C_n^nx^n=nx$$

8. 证明：$\sum\limits_{k=m}^{n}C_k^mC_n^k=C_n^m2^{n-m}$。

9. 证明：$m!\ +\frac{(m+1)!}{1!}+\frac{(m+2)!}{2!}+\cdots+\frac{(m+n)!}{n!}=\frac{(m+n+1)!}{(m+1)n!}$。

10. 设 k,n 为正整数，且 $n\geqslant k$，求和 $\sum\limits_{k=1}^{n}k^2C_n^k$。

第十章 常用不等式

不等式在数学学科中无处不在，而且占据着非常重要的地位。在高等数学中有不少地方必须依赖不等式才能得到很好的处理，比如极限的定义、极限的存在性、函数的有界性、反常积分敛散性判别、误差的估计、级数敛散性判别等问题。本章将介绍一些比较基本但重要的不等式。

10.1 常用不等式Ⅰ

(一)几个基本的不等式

1. 绝对值不等式

由绝对值的定义，可得如下基本的绝对值不等式：

$$-|a|\leqslant a\leqslant |a|$$

由此绝对值不等式，可得以下结论：

$$|x|\leqslant a\Leftrightarrow -a\leqslant x\leqslant a(a\geqslant 0);$$

$$|a_n-a|<\varepsilon\Leftrightarrow a-\varepsilon<a_n<a+\varepsilon(\varepsilon>0)。$$

2. 三角不等式

$$||a|-|b||\leqslant |a+b|\leqslant |a|+|b|$$

通过两边平方，再利用绝对值不等式可以证明上面的三角不等式。

3. 基本不等式

由$(a-b)^2\geqslant 0$可得以下基本不等式：

$$a^2+b^2\geqslant 2ab$$

由此基本不等式立即可得以下结论：

$$a+b\geqslant 2\sqrt{ab}(a,b\geqslant 0),$$

即：

$$\frac{a+b}{2}\geqslant\sqrt{ab}\,(a,b\geqslant 0)。$$

这说明两个非负数的算术平均不小于它们的几何平均。把这结论推广到有限项,则有以下平均值不等式。

(二)平均值不等式

$$\frac{a_1+a_2+\cdots+a_n}{n}\geqslant\sqrt[n]{a_1a_2\cdots a_n}\geqslant\frac{n}{\frac{1}{a_1}+\frac{1}{a_2}+\cdots+\frac{1}{a_n}}\,(\text{其中 } a_i>0,i=1,2,\cdots,n),$$

当且仅当 $a_1=a_2=\cdots=a_n$ 时取等号。

注: 从左至右这三种平均分别称为算术平均、几何平均、调和平均。

下面给出平均值不等式的证明。

证　记 $A_n=\frac{a_1+a_2+\cdots+a_n}{n}$, $G_n=\sqrt[n]{a_1a_2\cdots a_n}$, $H_n=\frac{n}{\frac{1}{a_1}+\frac{1}{a_2}+\cdots+\frac{1}{a_n}}$

(Ⅰ)先用数学归纳法证明 $A_n\geqslant G_n$。

当 $n=2$ 时,由基本不等式可知成立。

假设 $n=k$ 时不等式成立,则

$$\frac{a_1+a_2+\cdots+a_k}{k}\geqslant\sqrt[k]{a_1a_2\cdots a_k}$$

成立,即有:

$$a_1+a_2+\cdots+a_k\geqslant kG_k$$

当 $n=k+1$ 时,利用假设条件以及基本不等式得:

$$\begin{aligned}
&a_1+a_2+\cdots+a_k+a_{k+1}\\
&=(a_1+a_2+\cdots+a_k)+(a_{k+1}+(k-1)G_{k+1}-(k-1)G_{k+1})\\
&=(a_1+a_2+\cdots+a_k)+(a_{k+1}+G_{k+1}+\cdots+G_{k+1})-(k-1)G_{k+1}\\
&\geqslant k\cdot\sqrt[k]{a_1a_2\cdots a_k}+k\cdot\sqrt[k]{a_{k+1}(G_{k+1})^{k-1}}-(k-1)G_{k+1}\\
&\geqslant k\cdot 2\sqrt{\sqrt[k]{a_1a_2\cdots a_k}\cdot\sqrt[k]{a_{k+1}(G_{k+1})^{k-1}}}-(k-1)G_{k+1}\\
&=k\cdot 2\sqrt{\sqrt[k]{a_1a_2\cdots a_ka_{k+1}}\cdot\sqrt[k]{(G_{k+1})^{k-1}}}-(k-1)G_{k+1}\\
&=2k\,(G_{k+1})^{\frac{k+1}{2k}}(G_{k+1})^{\frac{k-1}{2k}}-(k-1)G_{k+1}\\
&=2kG_{k+1}-(k-1)G_{k+1}\\
&=(k+1)G_{k+1}
\end{aligned}$$

即有: $\frac{a_1+a_2+\cdots+a_k+a_{k+1}}{k+1}\geqslant G_{k+1}$,

因而由数学归纳法可得: $A_n\geqslant G_n$。

（Ⅱ）下面再证$G_n \geqslant H_n$。

证　利用上面已证的平均值不等式可得：

$$G_n=\sqrt[n]{a_1a_2\cdots a_n}=\frac{1}{\sqrt[n]{\frac{1}{a_1}\cdots\frac{1}{a_n}}}$$

$$\geqslant\frac{1}{\frac{\frac{1}{a_1}+\frac{1}{a_2}+\cdots+\frac{1}{a_n}}{n}}$$

$$=\frac{n}{\frac{1}{a_1}+\frac{1}{a_2}+\cdots+\frac{1}{a_n}}=H_n,$$

证毕。

注：以上三种平均值可看作幂平均：$M_p=\left(\frac{a_1^p+a_2^p+\cdots+a_n^p}{n}\right)^{\frac{1}{p}}$，$(a_i>0,i=1,2\cdots,n)$的特殊情形，即有：$M_1=A_n$，$M_{-1}=H_n$，$M_0=G_n$（此处需要用极限来理解），而且$M_p$关于$p$是递增的。

下面给出平均值不等式的重要应用。

例 10.1　证明：

1）$\left\{\left(1+\frac{1}{n}\right)^n\right\}$为严格单调递增数列；

2）对任意正整数n，有：$\left(1+\frac{1}{n}\right)^n<4$。

证　1）令$a_n=\left(1+\frac{1}{n}\right)^n$，则利用平均值不等式可得：

$$a_n=\left(1+\frac{1}{n}\right)\left(1+\frac{1}{n}\right)\cdots\left(1+\frac{1}{n}\right)$$

$$=\left(1+\frac{1}{n}\right)\left(1+\frac{1}{n}\right)\cdots\left(1+\frac{1}{n}\right)\cdot 1$$

$$<\left[\frac{n\left(1+\frac{1}{n}\right)+1}{n+1}\right]^{n+1}$$

$$=\left(1+\frac{1}{n+1}\right)^{n+1}$$

$$=a_{n+1},$$

由此说明$\left\{\left(1+\frac{1}{n}\right)^n\right\}$为严格单调递增数列。

2)利用平均值不等式可得：

$$\left(1+\frac{1}{n}\right)^n=4\left[\left(1+\frac{1}{n}\right)\left(1+\frac{1}{n}\right)\cdots\left(1+\frac{1}{n}\right)\cdot\frac{1}{2}\cdot\frac{1}{2}\right]$$

$$<4\left[\frac{n\left(1+\frac{1}{n}\right)+\frac{1}{2}+\frac{1}{2}}{n+2}\right]^{n+2}$$

$$=4\left(\frac{n+2}{n+2}\right)^{n+2}=4,$$

证毕。

习 题

1. 若对任意实数 x 不等式 $|x-a|-|x+2|\leqslant 3$ 恒成立，求实数 a 的取值范围。

2. 证明：当 $x\in\left(0,\frac{\pi}{2}\right)$时，$\cos x+\sec^2 x>2$。

3. 已知 $a>0,b>0,c>0$，证明：

$$\frac{bc}{a}+\frac{ac}{b}+\frac{ab}{c}\geqslant a+b+c。$$

4. 已知 $a>0,b>0,c>0$，且 $a+b+c=3$，证明：

$$\sqrt{a}+\sqrt{b}+\sqrt{c}\leqslant 3。$$

5. 已知 $x_1,x_2,\cdots,x_n$ 为 n 个正数，且满足 $x_1x_2\cdots x_n=1$，证明：

$$(2+x_1)(2+x_2)\cdots(2+x_n)\geqslant 3^n。$$

6. 证明：$\left\{\left(1+\frac{1}{n}\right)^{n+1}\right\}$为严格单调递减数列。

7. 设 a、b、c 为$\triangle ABC$ 的三条边长，S 为$\triangle ABC$ 的面积，证明：

$$a^2+b^2+c^2\geqslant 4\sqrt{3}S。$$

10.2 常用不等式Ⅱ

(一)含三角函数的不等式

$$|\sin x|\leqslant|x|\ (x\in\mathbf{R}),$$

$$|\sin x|\leqslant|x|\leqslant|\tan x|\ \left(x\in\left(-\frac{\pi}{2},\frac{\pi}{2}\right)\right)。$$

证　先设 $x\in\left(0,\frac{\pi}{2}\right)$，利用图 10-1 中的面积关系：$S_{\triangle OAP}<S_{扇形OAP}<S_{\triangle OAQ}$ 可得：

$$\frac{\sin x}{2}<\frac{x}{2}<\frac{\tan x}{2}$$

再利用这三个函数都是奇函数可得：

$$|\sin x|\leqslant|x|\leqslant|\tan x|\left(x\in\left(-\frac{\pi}{2},\frac{\pi}{2}\right)\right)$$

当且仅当 $x=0$ 时取到等号。

当 $|x|\geqslant\frac{\pi}{2}$ 时，因为 $|\sin x|\leqslant 1$，所以 $|\sin x|\leqslant|x|$ 显然成立。

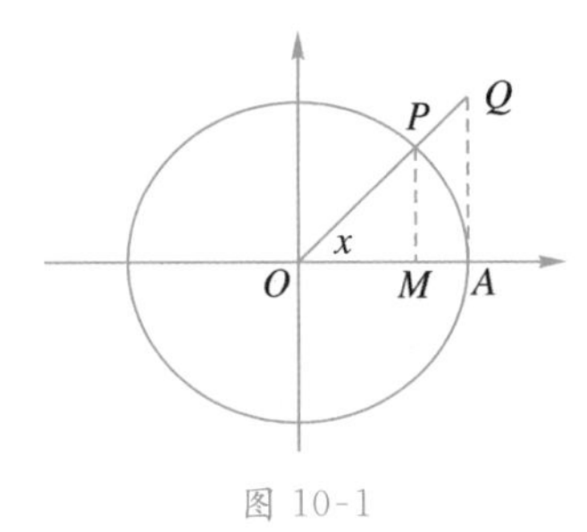

图 10-1

例 10.2　证明：$|\sin(x+h)-\sin x|\leqslant|h|$。

证　利用和差化积公式以及上面的不等式可得：

$$|\sin(x+h)-\sin x|=\left|2\cos\frac{2x+h}{2}\sin\frac{h}{2}\right|\leqslant 2\left|\sin\frac{h}{2}\right|\leqslant 2\left|\frac{h}{2}\right|=|h|。$$

(二)Young 不等式

不等式

$$a\cdot b\leqslant\frac{a^2+b^2}{2}$$

可以推广到以下的 Young 不等式：

$$a\cdot b\leqslant\frac{a^p}{p}+\frac{b^q}{q}(其中：\frac{1}{p}+\frac{1}{q}=1;a,b>0;p,q>1)。$$

等号成立当且仅当 $a^p=b^q$。

证　令 $f(x)=\frac{x^p}{p}+\frac{b^q}{q}-bx(x>0)$，则 $f'(x)=a^{p-1}-b$，$f'(b^{\frac{1}{p-1}})=0$。

当 $0<x<b^{\frac{1}{p-1}}$ 时，$f'(x)<0$，当 $x>b^{\frac{1}{p-1}}$ 时，$f'(x)>0$，所以 $f(x)$ 在 $x=b^{\frac{1}{p-1}}$ 处取到最小值，由于 $f(b^{\frac{1}{p-1}})=0$，因此 $f(a)\geqslant 0$，因而 Young 不等式成立。当且仅当

$a=b^{\frac{1}{p-1}}=b^{\frac{q}{p}}$时取到等号,即等号成立当且仅当 $a^p=b^q$.

(三)柯西不等式

利用 n 维向量的数量积定义可知:

设 $\boldsymbol{a}=(a_1,a_2,\cdots,a_n)$,$\boldsymbol{b}=(b_1,b_2,\cdots,b_n)$

$$\boldsymbol{a}\cdot\boldsymbol{b}=|\boldsymbol{a}||\boldsymbol{b}|\cos\theta$$

因而成立:

$$|\boldsymbol{a}\cdot\boldsymbol{b}|^2\leqslant|\boldsymbol{a}|^2|\boldsymbol{b}|^2,$$

由此可得如下形式的柯西不等式:

$$(a_1b_1+a_2b_2+\cdots+a_nb_n)^2\leqslant(a_1^2+a_2^2+\cdots+a_n^2)(b_1^2+b_2^2+\cdots+b_n^2)。$$

即:

$$(\sum_{k=1}^{n}a_kb_k)^2\leqslant(\sum_{k=1}^{n}a_k^2)(\sum_{k=1}^{n}b_k^2),$$

或

$$\sum_{k=1}^{n}a_kb_k\leqslant(\sum_{k=1}^{n}a_k^2)^{\frac{1}{2}}(\sum_{k=1}^{n}b_k^2)^{\frac{1}{2}}。$$

当且仅当 $\boldsymbol{a}$ 和 $\boldsymbol{b}$ 平行即 $\boldsymbol{a}=\lambda\boldsymbol{b}$ 时,等号成立。

例 10.3　已知 $a>0,b>0,c>0$,证明:

$$\frac{2}{a+b}+\frac{2}{b+c}+\frac{2}{c+a}\geqslant\frac{9}{a+b+c}。$$

证　$2(a+b+c)\cdot(\frac{1}{a+b}+\frac{1}{b+c}+\frac{1}{c+a})$

$=(a+b+b+c+c+a)(\frac{1}{a+b}+\frac{1}{b+c}+\frac{1}{c+a})$

$=[(\sqrt{a+b})^2+(\sqrt{b+c})^2+(\sqrt{c+a})^2]\left[\left(\sqrt{\frac{1}{a+b}}\right)^2+\left(\sqrt{\frac{1}{b+c}}\right)^2+\left(\sqrt{\frac{1}{c+a}}\right)^2\right]$

$\geqslant(1+1+1)^2=9$,

即有:

$$\frac{2}{a+b}+\frac{2}{b+c}+\frac{2}{c+a}\geqslant\frac{9}{a+b+c}。$$

例 10.4　证明:

$$-\sqrt{a^2+b^2}\leqslant a\sin x+b\cos x\leqslant\sqrt{a^2+b^2}。$$

证　因为

$$(a\sin x+b\cos x)^2\leqslant(a^2+b^2)(\sin^2x+\cos^2x)=a^2+b^2,$$

所以

$$-\sqrt{a^2+b^2}\leqslant a\sin x+b\cos x\leqslant\sqrt{a^2+b^2}\text{。}$$

习　题

1. 已知 $a>0,b>0,c>0$，且 $a+b+c=1$。证明：

$$a^3+b^3+c^3\geqslant\frac{a^2+b^2+c^2}{3}\text{。}$$

2. 已知 $a>0,b>0,c>0$，且 $a+b+c=1$，证明：

$$\frac{1}{a}+\frac{1}{b}+\frac{1}{c}\geqslant 9\text{。}$$

3. 设 $a>0,b>0,c>0$，证明：

$$3ab\leqslant c^3a^3+2\frac{b^{\frac{3}{2}}}{c^{\frac{3}{2}}}\text{。}$$

4. 证明：$|\cos x-\cos y|\leqslant|x-y|$。

5. 若 a、b 满足关系式：$a\sqrt{1-b^2}+b\sqrt{1-a^2}=1$，求 a^2+b^2 的值。

6. 利用 Young 不等式证明如下离散型 Hölder 不等式：

$$\sum_{k=1}^{n}a_kb_k\leqslant\left(\sum_{k=1}^{n}a_k^p\right)^{\frac{1}{p}}\left(\sum_{k=1}^{n}b_k^q\right)^{\frac{1}{q}}\text{。}$$

其中：$\frac{1}{p}+\frac{1}{q}=1$；$a_k\geqslant 0,b_k\geqslant 0(k=1,\cdots,n)$。

第十一章　数列极限简介

极限理论是微积分理论的基础和重要工具。数列极限问题是高等数学课程首先要学习的一个比较重要的内容，数列极限的问题作为微积分的基础概念，其建立与产生对微积分的理论有着重要的意义。本章将介绍关于数列极限的一些简单知识。

11.1　数列极限概念与性质

首先通过一个例子来说明为何要讨论数列的极限。

引例　求单位圆盘的面积。

如图 11-1 所示，用内接正 n 边形来逼近单位圆盘。记内接正 n 边形的面积为 S_n，单位圆盘面积为 S。

则 $S_n=n\cdot\frac{1}{2}\cdot\sin\frac{2\pi}{n}$，显然当 n 越来越大时，S_n 与 S 的误差越来越小。故 S 应该等于当 n 趋于无穷大时 S_n 的极限值。

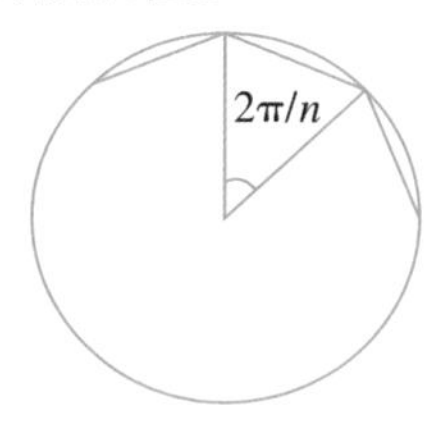

图 11-1

上述引例告诉我们，不可避免地要碰到以下问题：当 n 越来越大时，数列 $\{a_n\}$ 的趋向情况如何？这就是数列的极限问题。

要用精确的逻辑语言来定义数列的极限是很困难的一件事，许多一流的数学家经历了几百年的努力才得到了现在的定义语言。首先来理解数列极限的逻辑语言描述。

(一)数列的收敛与发散

1. 数列的趋向结果

1)趋向于一个固定的常数,如 $n\to\infty$ 时,$\frac{1}{n}\to 0$,$\frac{(-1)^n}{n^2}\to 0$,$\frac{n+1}{n}\to 1$,此时称数列是收敛的;

2)不趋向一个固定的数值,如 $n\to\infty$ 时,$2^n\to\infty$,$\sin(\frac{n}{2}\pi)$不停震荡,此时称数列是发散的。

在上述的数列趋向结果的介绍中,提到了数列的收敛与发散,那如何用精确的逻辑语言区分这两种情况,将是本章一个重要知识点。在介绍收敛与发散的定义之前,先介绍一些常用逻辑符号:“任意”记作 $\forall$;“存在”记作 $\exists$;“使得”记作 s. t. 。

2. 数列收敛与发散

1)收敛

通俗地讲:当 n 无限增大时,a_n 无限接近于一个常数 a,则称数列 $\{a_n\}$ 收敛且收敛于 a。下面我们给出数列收敛的精确定义。

定义:如果存在常数 a,若对 $\forall\varepsilon>0$,$\exists N$,当 $n>N$ 时,有 $|a_n-a|<\varepsilon$,则称 $\{a_n\}$ 收敛且收敛于 a,记作 $\lim\limits_{n\to\infty}a_n=a$ 或 $a_n\to a(n\to\infty)$。

注:上面定义中是先给定一个任意的 $\varepsilon>0$,再确定自然数 N,所以 N 一般与 ε 有关。

2)发散

如果数列 $\{a_n\}$ 不收敛,则称 $\{a_n\}$ 发散。

注:若数列 $\{a_n\}$ 无界,则 $\{a_n\}$ 发散。

(二)数列的有界性

下面用逻辑语言来描绘数列的有界性。

称数列 $\{a_n\}$ 有界:若 $\exists M>0$,s. t. 对任意 n 满足:$|a_n|\leqslant M$。

称数列 $\{a_n\}$ 有上界:若 $\exists M\in\mathbf{R}$,s. t. 对任意 n 满足:$a_n\leqslant M$。

称数列 $\{a_n\}$ 有下界:若 $\exists K\in\mathbf{R}$,s. t. 对任意 n 满足:$a_n\geqslant K$。

称数列 $\{a_n\}$ 无界:若对 $\forall M>0$,$\exists n_0\in\mathbf{N}^+$,s. t. $|a_{n_0}|>M$(n_0 一般依赖于 M)。

注:$\{a_n\}$ 有界 $\Leftrightarrow$ $\{a_n\}$ 既有上界又有下界。

例 11.1　$\{\sin n\}$,$\{(-1)^n\}$,$\{\arctan n\}$ 都是有界数列;

数列 $\{2^n\}$ 有下界,无上界;

数列 $\{-2^n\}$ 有上界,无下界。

例 11.2　观察可得

$\lim\limits_{n\to\infty}\frac{1}{n}=0$；$\lim\limits_{n\to\infty}\frac{n+1}{n}=\lim\limits_{n\to\infty}\left(1+\frac{1}{n}\right)=1$；$\lim\limits_{n\to\infty}2^{\frac{1}{n}}=1$；

$\lim\limits_{n\to\infty}\sin\frac{n\pi}{2}$ 不存在(或称数列$\{\sin\frac{n\pi}{2}\}$发散)。

(三)数列极限的性质

因为数列的敛散性只取决于 n 充分大时它的取值情况,因此有以下性质。

性质 1　数列收敛还是发散,与数列的前面有限项的取值无关。

例如:$\lim\limits_{n\to\infty}a_n=a\Leftrightarrow\lim\limits_{n\to\infty}a_{n+100}=a$;$\{a_n\}$发散$\Leftrightarrow\{a_{n+100}\}$发散。

请读者思考:有穷数列有没有极限?

性质 2(有界性)　若$\{a_n\}$收敛,则$\{a_n\}$有界。

证　设$\lim\limits_{n\to\infty}a_n=a$,取 $\varepsilon=1$,则 $\exists N_0$, s. t. 当 $n>N_0$时,$|a_n-a|<1$。

则由三角不等式可得:

当 $n>N_0$时,$|a_n|=|a_n-a+a|<1+|a|$。

取 $M=\max\{|a_1|,|a_2|,\cdots,|a_{N_0}|,1+|a|\}$,

则对任意 n 成立:$|a_n|\leqslant M$。

注:收敛数列必有界,无界数列必发散。但有界数列不一定收敛,比如数列$\{(-1)^n\}$有界但显然发散。

然而,我们不加证明地指出:当数列有界而且单调时,该数列一定收敛。

性质 3(保号性)　a)若$\lim\limits_{n\to\infty}a_n=a>0$(或$<0$),则存在 N,当 $n>N$ 时,$a_n>0$(或<0)。

证　不妨设$\lim\limits_{n\to\infty}a_n=a>0$,取 $\varepsilon=\frac{a}{2}>0$,则 $\exists N_0$, s. t. 当 $n>N_0$时,$|a_n-a|<\frac{a}{2}$,即 $a_n>\frac{a}{2}>0$。所以 $\exists N_0$, s. t. 当 $n>N_0$时,$a_n>0$。

b)若 $a_n\geqslant0$ 且$\lim\limits_{n\to\infty}a_n=a$,则 $a\geqslant0$。

证　利用反证法,再利用a)的结论即可。

思考:若 $a_n>0$ 且$\lim\limits_{n\to\infty}a_n=a$,则 $a>0$。这一命题是否正确?

例 11.3　证明:若 a_n有界,$\lim\limits_{n\to\infty}b_n=0$,则$\lim\limits_{n\to\infty}a_nb_n=0$。

证　因为$\{a_n\}$有界

所以 $\forall n$,$\exists M>0$, s. t. 对任意正整数 n,满足$|a_n|\leqslant M$。

又因为$\lim\limits_{n\to\infty}b_n=0$,所以

$\forall\varepsilon>0$,$\exists N$,当 $n>N$ 时,$|b_n-0|<\frac{\varepsilon}{M}$。

因而$\forall \varepsilon>0$，$\exists N$，当$n>N$时，$|a_nb_n-0|=|a_n||b_n|<M\cdot\frac{\varepsilon}{M}=\varepsilon$。

所以$\lim\limits_{n\to\infty}a_nb_n=0$。

例如：$\lim\limits_{n\to\infty}\frac{\arctan n}{n}=0$，$\lim\limits_{n\to\infty}\frac{\sin(n!)}{n}=0$。

习　题

1. 问：$\lim\limits_{n\to\infty}\cos\frac{2\pi}{n}$是否存在？

2. 问：$\{\operatorname{arccot} n\}$是不是有界数列？

3. 请给出数列$\{a_n\}$无下界的逻辑语言描述。

4. 思考：有界数列是否必是收敛数列？单调数列是否必收敛？收敛数列是否必单调？

5. 问：$0.\dot{9}$是否等于1？

6. 若a_n、b_n都发散，问：a_n+b_n是否必发散？$a_n\cdot b_n$是否必发散？

7. $\lim\limits_{n\to\infty}a_n=a$能否推出：$\lim\limits_{n\to\infty}|a_n|=|a|$？反之是否成立？

11.2　数列收敛判别法

(一)单调有界收敛定理

定理 11.2.1　若$\{a_n\}$是单调数列且有界，则$\{a_n\}$收敛。

注：若$\{a_n\}$单调上升且有上界，则$\{a_n\}$收敛。

若数列$\{a_n\}$单调下降且有下界，则$\{a_n\}$收敛。

例 11.4　由上一章知识知：$\left(1+\frac{1}{n}\right)^n<4$且$\left(1+\frac{1}{n}\right)^n$单调递增，因而$\lim\limits_{n\to\infty}\left(1+\frac{1}{n}\right)^n$存在，若记此极限值为e，即有：

$$\lim_{n\to\infty}\left(1+\frac{1}{n}\right)^n=\mathrm{e}。$$

注：$\left(1+\frac{1}{n}\right)^{n+1}$单调递减且收敛于e。

例 11.5 试判断：数列$\left\{1+\frac{1}{2}+\cdots+\frac{1}{n}\right\}$收敛还是发散？

解 由$(1+\frac{1}{n})^n<\mathrm{e}\xrightarrow{\text{两边同时取 ln}}n\ln\left(1+\frac{1}{n}\right)<1$

$$\xrightarrow{\text{两边同时除以 }n}\ln\left(1+\frac{1}{n}\right)<\frac{1}{n}$$

$$\xrightarrow{\text{由 ln 运算法则}}\ln(n+1)-\ln n<\frac{1}{n}\text{，由此可得：}$$

$$\ln 2-\ln 1<1$$

$$\ln 3-\ln 2<\frac{1}{2}$$

$$\cdots$$

$$\ln(n+1)-\ln n<\frac{1}{n}$$

以上各行相加可得：$\ln(n+1)<1+\frac{1}{2}+\cdots+\frac{1}{n}$，由于当 $n\to\infty$时，$\ln(n+1)\to\infty$，因而当 $n\to\infty$时，$\left\{1+\frac{1}{2}+\cdots+\frac{1}{n}\right\}\to\infty$，所以该数列发散。

例 11.6 试判断：数列$\left\{1+\frac{1}{2^2}+\cdots+\frac{1}{n^2}\right\}$收敛还是发散？

解 记 $a_n=1+\frac{1}{2^2}+\cdots+\frac{1}{n^2}$，则 a_n单调递增。

又因为 $a_n<1+\frac{1}{1\cdot 2}+\cdots+\frac{1}{(n-1)\cdot n}$

$$=1+1-\frac{1}{2}+\frac{1}{2}-\frac{1}{3}+\cdots+\frac{1}{n-1}-\frac{1}{n}$$

$$=2-\frac{1}{n}<2,$$

所以$\{a_n\}$收敛。

注：数列$\left\{1+\frac{1}{2^2}+\cdots+\frac{1}{n^2}\right\}$收敛于$\frac{\pi^2}{6}$，此结论由欧拉首先得到，是欧拉自己最得意的结果之一。

例 11.7 试判断：数列$\left\{1+\frac{1}{2}+\cdots+\frac{1}{n}-\ln n\right\}$收敛还是发散？

解 记 $a_n=1+\frac{1}{2}+\cdots+\frac{1}{n}-\ln n$，

由$\left(1+\frac{1}{n}\right)^{n+1}>\mathrm{e}\xrightarrow{\text{两边同时取 ln}}(n+1)\ln\left(1+\frac{1}{n}\right)>1$

$$\xrightarrow{\text{两边同时除以}(n+1)} \ln\left(1+\frac{1}{n}\right)>\frac{1}{n+1}$$

$$\xrightarrow{\text{由 ln 运算法则}} \ln(n+1)-\ln n>\frac{1}{n+1},$$

故 $a_{n+1}-a_n=\frac{1}{n+1}+\ln n-\ln(n+1)$

$$=\frac{1}{n+1}-(\ln(n+1)-\ln n)<0,$$

故$\{a_n\}$单调递减。

又因为 $1+\frac{1}{2}+\cdots+\frac{1}{n}>\ln(1+n)>\ln n$

因而 $a_n>0$，

因此$\{a_n\}$收敛。

注：此数列收敛的极限值称为欧拉常数，大小约为 0.5772。

(二)夹逼准则

定理 11.2.2　若数列$\{a_n\}$、$\{b_n\}$、$\{c_n\}$满足：$a_n\leqslant b_n\leqslant c_n$ 以及 $\lim\limits_{n\to\infty}a_n=\lim\limits_{n\to\infty}c_n=A$，则 $\lim\limits_{n\to\infty}b_n=A$。

注：该准则的证明可利用 $a_n-A\leqslant b_n-A\leqslant c_n-A$ 与极限的定义。

例 11.8　回顾数列极限 I 的引例：求单位圆盘的面积。

解　已求得内接正 n 边形的面积为

$$S_n=\frac{n}{2}\sin\frac{2\pi}{n}=\pi\frac{\sin\frac{2\pi}{n}}{\frac{2\pi}{n}}$$

利用不等式 $\sin x<x<\tan x\left(x\in\left(0,\frac{\pi}{2}\right)\right)$得 $\cos x<\frac{\sin x}{x}<1\left(x\in\left(0,\frac{\pi}{2}\right)\right)$

因而 $\cos\frac{2\pi}{n}<\frac{\sin\frac{2\pi}{n}}{\frac{2\pi}{n}}<1$ 且 $\lim\limits_{n\to\infty}\cos\frac{2\pi}{n}=1$，

所以由夹逼准则可知 $\lim\limits_{n\to\infty}\frac{\sin\frac{2\pi}{n}}{\frac{2\pi}{n}}=1$，

所以 $\lim\limits_{n\to\infty}S_n=\pi$，

故单位圆盘面积为 π。

例 11.9　试证明：$\lim\limits_{n\to\infty}\sqrt[n]{1+\frac{1}{n}}=1$。

证　因为 $1<\sqrt[n]{1+\frac{1}{n}}<2^{\frac{1}{n}}$ 且 $\lim\limits_{n\to\infty}2^{\frac{1}{n}}=1$，由夹逼准则可得 $\lim\limits_{n\to\infty}\sqrt[n]{1+\frac{1}{n}}=1$。

习　题

1. 证明：$\lim\limits_{n\to\infty}\sqrt[n]{2^n+3^n}=3$。

2. 证明：$\lim\limits_{n\to\infty}\frac{\sin(n!)}{\sqrt{n}}=0$。

3. 证明：$\lim\limits_{n\to\infty}\sqrt[n]{a^n+b^n}=\max\{a,b\}$，其中 a,b 都是正数。

4. 判断：数列 $\left\{1+\frac{1}{2^3}+\cdots+\frac{1}{n^3}\right\}$ 收敛还是发散？

5. 证明：$\lim\limits_{n\to\infty}\left(\frac{n}{n^2+1}+\frac{n}{n^2+2}+\cdots+\frac{n}{n^2+n}\right)=1$。

6. 证明：数列 $\sqrt{2},\sqrt{2+\sqrt{2}},\sqrt{2+\sqrt{2+\sqrt{2}}},\cdots$ 的极限存在。